生涯现役人生

——100岁的幸福心得

对应人生百岁时代，从生涯现役开始！

[日] 大川隆法 Ryuho Okawa
胡佳/刘东 译

压力是不幸福的重要因素

而什么才是将心灵从压力中释放的关键？

北方联合出版传媒(集团)股份有限公司
万卷出版公司

图书在版编目（CIP）数据

生涯现役人生 /（日）大川隆法著；胡佳、刘东译
. —沈阳：万卷出版公司，2015.4
ISBN 978-7-5470-3584-9

Ⅰ. ①生… Ⅱ. ①大…②胡…③刘… Ⅲ. ①人生哲学—通俗读物 Ⅳ. ① B821-49

中国版本图书馆 CIP 数据核字（2015）第 067530 号

著作权合同登记号：06-2015-21

出版发行：北方联合出版传媒（集团）股份有限公司
万卷出版公司
（地址：沈阳市和平区十一纬路 29 号 邮编：110003）
印 刷 者：山东华鑫天成印刷有限公司
经 销 者：全国新华书店
幅面尺寸：155mm × 230mm
字 数：180 千字
印 张：17 印张
版次印次：2015 年 4 月第 1 版 2015 年 4 月第 1 次印刷
图书作者：（日）大川隆法
责任编辑：张旭
特约编辑：王慧瑛
封面设计：aikinne
排版设计：尚态工作室
I S B N：978-7-5470-3584-9
定 价：40.00 元

联系电话：024-23284090
传 真：024-23284521
E - mail：vpe_tougao@163.com
网 址：www.chinavpc.com

常年法律顾问：李福

生涯现役人生

(日)大川隆法

前 言

100岁的幸福心得

抱着犹如开拓了从未踏足的土地一般的心情，我出版了此书。我的身体和心灵都还比较年轻，却在这里妄谈《生涯现役人生》的最终版，或许是早了几十年。

这个国家存在着严重的人口老龄化和年轻人税收加剧的社会问题。虽然，日本一度成为高福利的国家，但是，现在的社会却不断地失去活力。

“生涯现役”正是有效的解决方法。是通向个人和国家繁荣的道路。

“生涯现役”的起点是心态和持之以恒的努力。我们不能忘记想法的先行性。

大川隆法

目　录

第2章　生涯现役人生

第3章　生涯现役的“心态”

目　录

（日）大川隆法

目　录

（日）大川隆法

第1章

为了长寿

1 期望长寿并不是执着

2 保持长寿的五个方法

3 向着光明的未来

1 期望长寿并不是执着

活到老学到老

第一章以“为了长寿”为题。主要是针对长寿的秘诀和要点进行详细的阐述。

迄今为止，或许还有很多人会有“想长寿不就是要对长寿抱有执着的意念吗？”这样的想法，但是俗话说：“万物皆无常，不为世间迷惑。”意思是，人的思想各有不同，所以才会出现前文中所提及的迷惑。

要知道，人降生在这个世上或许会有很多原因。但是，

生涯现役人生

(日)大川隆法

如果能够完好无损地降临到这世间，就已经是件很了不起的事情了。

人从在母体内形成胚芽开始，一直到长成为婴儿呱呱落地，这个过程很神奇，也充满着未知的不测。单说寄生在母亲的腹中，这种不见天日的感觉光想想就让人害怕。

母亲的子宫就犹如漆黑的洞穴，在这行动不便的空间里煎熬地度过十个月已经很不容易了，这期间，还要为自己能否以健全的姿态降生于这世间而不安。即使有幸来到这世界，对于过去的记忆早已不复存在，只是单纯地作为一名对这世界充满陌生和好奇的新生婴儿诞生而已。

每一个灵魂之所以会冒着如此巨大的风险来到这世间，只因为在这世上，还存在着很多值得我们去学习的东西。

因此，既然有幸来到这世上，那就要把握住这得来不易的机会，尽可能多地学点知识。而这种行为本身就不能被理解为是“执着”。

当然，这世间的确充满了太多世俗的欲望。不过，为了不枉费降临到这世间的不易，所以更要抱着虚心求教的态度，尽可能多地学点东西，去充实自己的人生，让“活着”本身成为更有意义的事情。如果能抱有这种想法，那也不失为是一种难能可贵的参悟。

事实上，我们常会听到一些老者说，人要活到老，学到老。

每个年龄段的人都会有需要去学习的东西。哪怕活到了 90 岁，依旧还有很多东西要学。虽然不知道自己能够活到几岁，但是“活到老，学到老”的精神是必不可少的。

一些老者会认为，那些在 50 岁或 60 岁就不幸离世的人，他们的人生其实并不完整，因为在他们有限的生命中，还有很多知识尚未学到。由此可见，能够说出“活到老学到老”的老者是多难能可贵。

确实，人虽然不知道自己能活多大，但若能够把握住机会，多学点东西，让人生变得更加充实、更加有意义，抱着这样的想法让自己更长寿也是件不错的事情。

生涯现役人生

（日）大川隆法

放下执念

期望长寿的第二点是，让自己的人生更幸福。

长寿的人有足够的时间来提前料理自己的后事。

现在亚洲男性平均寿命为 79.4 岁，女性平均寿命为 85.9 岁，平均寿命为 83 岁（此为 2011 年的数据）。因此，在接近 80 岁的时候，大家都会预感到生命的火焰正在慢慢消亡，对于辞世这件事情也有了一定的心理准备。于是，有的人就会嘱咐家人一些重要的事情，并开始着手张罗着自己的后事。

但是，现在有很多因为意外事故而不幸离世的人，他们就会因为没有提前处理好自己的后事而感到惋惜。

随着时间的流逝，当自己的年龄即将接近平均寿命时，人们就会开始认真地考虑死亡这件事情，并对此心生畏惧。而当过了平均年龄之后，比如活到了 90 岁，甚至是 100 岁的人，心境就会变得非常平静和豁达，面对死亡也不会显得过于恐惧了。

像这样，如果能够利用时间去慢慢地消除对这个世间的执念，直到死亡来临的那天，就会感到“如蝉脱壳”般轻松自在地踏上重返彼岸的旅程。这也不失为一件好事。

常言道，生老病死是不可逆转的自然规律。人的身体会随着时间的推移慢慢衰老，而这个过程看起来虽然很残酷，但却是必经的历练。不过，如果换个角度来看，也可以将其视作为回归彼岸的一项考验。当临死之际能够洒脱地褪去这副沉重的躯壳，也并不是一件那么坏的事。

虽然前面一直在强调不要留下执念，但是，当身体还很硬朗，而人却已归去，这种辞世怎能让人不留下执念呢?

从某种意义上来说，平日里若能够抱着“这次也很努力了”“这样竟然还能很好地活着”的心态去欢度人生的话，那么直到最后安详地离世，也算是种天赐的福气。因为长寿而辞世的人，他们对这世间的执念也会随着时间的流逝而变得越来越少，对“自己有幸渡过了完整的一生”这样的感受也会变得更为强烈。

当然，生活品质的好坏也是很重要的。我认为一个人的生命即使能够很长久，但若是他的人生过得极其悲惨的话，这也是件很痛苦的事情。所以，若能做到不仅活得长寿，而且过得也比较幸福的话，那就更好了。

对应人生百岁时代的心态

这一章我想说一下期望长寿的第三点。

虽然现在亚洲人的平均寿命是 83 岁，但是仍有很多人会认为，到了二十一世纪中叶，亚洲人的平均寿命将会达到 100 岁左右。这种想法并不是毫无科学根据的。

明治时代，日本人的平均寿命还没超过 50 岁，很多人在 40 岁的时候就辞世了。而在更早以前的江户时代和战国时代的情况也是如此，所以才会给人造成一种“人生不过匆匆五十载，已过四十不惑，何时登天亦无所谓”的错觉。

但是，随着人们对于营养摄入的高要求以及医学水平的不断提高，人们的寿命也有了很大程度的提升。直到如今，已迎来平均寿命 83 岁的时代了。

以后人们的营养状态会越来越好，医学水平也会得到更好的发展，人们的寿命肯定还能进一步提高。特别是现在，一批善于学习且头脑聪明的人不断加入到医学界中，他们怀着“不甘死亡”的决心致力于研究。因此，从客观上来说，到了二十一世纪中叶，人类的平均寿命能够达到 100 岁也不是不可能的。

从客观上推断，在 2000 年左右出生的人们，有很大可能会活到二十二世纪。到了那个时候，应该会有很多人能活到 120 岁左右吧。

照这般推断的话，如果人生规划只做到 50 岁或者 60 岁的话，那么当这个规划完成后，人生尚且留有 40 年以上的时间，这就会让我们觉得无所适从。

因此，我们应该要有“人的平均寿命可能会达到 100 岁”

这样的意识，然后再去思考我们的人生应该怎样度过，怎样被充实。有必要的话可以做一个详细的人生规划。

当然，漫漫人生路中也会有提前“毕业”的情况发生。有的人会因为“跳级”而提前“毕业”。但是，如果活的时间比规划的时间长，人们就会因为没有做够充足的准备而感到余生过得特别枯燥乏味，甚至是疲累。

因此，无论最终能活到多少岁，我们都要做好人生百岁的规划，让自己的人生尽可能过得充实。

以上就是我所阐述的关于期望长寿的三个要点。

第一，虽然不知道自己能活到多少岁，但一定要有活到老学到老的意识存在。

第二，长寿辞世，对这个世间的执念就更少，更能让我们有条不紊地重返彼岸。享尽天年的人，更容易抵达天国;过早死去的人，对这个世间还留有执念，就不能心满意足地去那个世界。特别是留有“孩子还尚小”“家业还不够”等，这样的执念更让人疲惫。

第三，从科学角度说，到了二十一世纪中叶，人的平均寿命能够达到100岁，现在正活跃着的大家应该要有人生可以长达100年之久的意识和思想准备。如果我们没有做相应的准备的话，那么，我们的晚年就会活得很枯燥乏味，甚至是疲累。

2 保持长寿的五个方法

方法①乐观地生活

前文阐述了期望长寿的要点，而这部分内容就将重点偏向于如何才能保持长寿的方法。

描述长寿的方法并不是一件困难的事情，毕竟现实生活中有很多长寿的人。

从这些人怀有怎样的思想，拥有怎样的生活方式来看，我们不难从中得出他们身上存在的共同点。如果重点研究其共同点，就不难得出保持长寿的方法了。

从这方面来看，保持长寿的第一个共同点就是乐观。要知道，大多数长寿的人都是乐观主义者。

我想说一下这里“乐观”的意思绝对不等同于“积极”，

虽说积极的思想与乐观向上的思维方式类似，但也是有些许不同的。

这是因为这段时间以来，有很多持有积极信念的上班族都因为太过劳累而猝死的缘故。虽然不顾一切拼命工作的态度是值得肯定的，但是有很多人会因此感到巨大的压力，然后过早地燃尽了精力而死去。这般过度积极的思想和乐观主义的定义就截然不同了。

积极的思想当然有值得肯定的地方，但是就拼命工作的上班族而言，却不能因此而得到长寿。

此外，虽说身体还是强壮点比较好，但是从历年运动选手的寿命来看，却发现他们并不长寿。有很多运动选手的寿命甚至要低于平均寿命。这可能是因为过度强化肌肉，滥用身体所导致的结果。

很多人会通过体育锻炼等方式过度消耗自己的身体，最终导致自己活不到60岁、70岁，甚至50岁出头就辞世了。

不以成为职业运动选手为目标，而是单纯的将运动作为一种兴趣的人才能活得更久。越是拼命，就越容易将生命消耗殆尽。

综上所述，积极主义并不能带来长寿。在工作方面亦是如此，长期生活在竞争激烈的环境中，很多人刚到退休年龄就突然暴毙了。在退休的 5 年以内，也就是 60 多岁就辞世的人也不在少数。那些早就习惯在竞争激烈的环境中工作的人们，一旦退休，就会突然变得无事可做，一向紧绷的神经也会因此而松懈，到最后甚至会因为无法适应退休后的生活而戛然离世。

乐观主义绝不是积极主义。积极主义能带来成功，而乐观主义并不如此。乐观主义是一种没有拘束的生活方式，基本上来说是一种没有强力竞争，以及不会过度操劳身体，且开朗肯定的生活方式。

不心烦，不勉强，不发怒

有一位叫作宇野千代（1898–1996 年）的女性作家，在接近百岁高龄的时候依旧活跃在文坛中。

这位作家在其 98 岁时出版的一本书中写到“长寿的人性格中有三个共同点。第一，不心烦。第二，不勉强。第三，不发怒。”我认为确实如此。

心烦就是指悲观地看待事物。如果一个人待人接物都只能看到其坏的一面，而且本身性格也比较阴郁的话，那生病也是迟早的事情。

确实，随着年龄的增长，人生阅历也会变多，看到的负面消息也会增加，继而使得人生观也随之变得阴暗。这是因为在老去之前，几乎没有遇到什么好的事情，想着的全都是不好的事情的缘故。

但是，如果要想让自己更加长寿的话，就绝对不能心烦。

前文也有说到过，所谓的乐观并不能单纯的等同于积极主义。要做到“不勉强”也尤为重要，太过勉强的人容易暴毙。

必须要知道自己的脑力、体力和精力是有界限的。凡事都要控制到刚好不勉强的程度，这一点也是人生的智慧。

切记不发怒。经常怒火中烧的人寿命会大幅度地缩短。因为发怒的时候，会在人体内生成很多毒性非常强的毒素，堆积的时间越长，对身体造成的伤害就越严重，而经常发怒的人更容易损坏自身的神经系统和内脏系统。

自然的人生就是在不勉强的范围内活出自己的特色和精彩。可以说“肯定和珍视自己的人生”这一点对我们每个人来说都是极为重要的。

例如，经常自省、正确地认识自己、凡事适可而止、不过度悲观地看待事物，这些态度在漫漫人生路中都起着举足轻重的作用。要明白，苦劳的人是很难长寿的。

有时候，能够泰然自若地忘记不愉快也是一件好事。人上了年纪后就容易健忘，这是非常难能可贵的。正是因为忘记了，才能活得更加轻松自在。人活得越长久，累积的失败就越多。尽管这些失败不是全部都能留在我们脑海里，但是，带着这些不愉快的记忆我们就会活得很累。所以说，学会忘记也是一件好事。

经常尝试新事物的人更容易忘记。专心于新事物，忘记过去，若能做到这点就会非常好。反之，那些总喜欢执着于过去的人，想忘记就更难了。

因此，有必要多去尝试接触些新鲜事物让自己忙起来，这样才能让自己忘记陈旧和不愉快的事情。这也不失为是一种人生的智慧。

设法远离压力

作家宇野千代在书中写到“要想长寿，需要设法远离压力”。对周围的人和事期待太多，就会产生压力。对人和事不要抱有过多的期待就不会产生压力。

生涯现役人生

(日)大川隆法

98岁的老者都这么说，想必一定是有道理的。

比如，家人和兄弟都好薄情、公司的同事好薄情、曾经的朋友最近都不联系了、孩子还没有送养老金过来等。生活中每时每刻都会有各种各样的事情发生，但是想的太多就会产生压力，人就无法长寿。

确实，要想没有压力的话，就要做到对周围的人、事、物不要有过多的期待。

我有我自己的生活方式，我很开朗地活着，我给自己发电，让自己感受到无尽的正能量。这种人的幸福，很难得到，也很难被剥夺。

人生的亮点，并不是在别人对自己的称赞中产生的，而是源自于自己本身产生的亮光，这才是真正让人幸福的根源。因此，不要在意别人的眼光，日省吾身，让自己知道活着就是一种乐趣，这点是十分重要的。太过在意别人的目光，就会让自己活得很累，一直计较得失和对错，就会使自己的人生中只剩下失败和挫折。

虽然有时候自己会想不通，但是也不能因此而生气。相比于麻烦别人，我们应该做的是不要太过期待，自己照亮前进的道路，在力所能及的范围内，做自己应该做的事情。要想做到这一点，就不得不时时贯彻乐观主义。

方法②铭记健康

第二个保持长寿的方法是：相信并铭记自己能够健康长寿。这一点对能否长寿至关重要。

能够铭记于心的是成就。而人是很容易就能够做到这一点的。

世界上既有富裕的人，也有贫穷的人。除此之外，还有敏感或者豁达等形形色色的人存在。不管怎么说，身体所展现出的行为，其实就是心中所想。因此可以说，通过其身体可窥其内心。

常言道，肉体与心同行，通过外表可窥其心，所以，

生涯现役人生

（日）大川隆法

最终决定人生的还是人心。因此，首先我们必须要有一颗健全的心。

比如，我们不能抱着“自己会早死”的心态，不能因为现在所遭遇的不幸，就预感接下来的生活将会有多么不好。如果这样做了，真的会给自己招来不幸。

所以，要经常告诉自己正在长寿，正在幸福。

除了以上所说的之外，还需要拥有一颗坚定的心。杞人忧天和自寻烦恼的人是不会长寿的。因此，要谨记，既然活着，就要做一个有用的人，要相信只要通过自己的努力，就能够安享晚年。铭记这一点是极为重要的。

要有想法，而那些想法终将会实现。虽然会耗费不少时间，进展也会很慢，但终将会成为现实。

要是一心只想着自己的晚年是不幸福的，被亲朋好友抛弃了等，就会很快让自己变成孤苦的老人。因此我们要不断提醒并相信自己会渡过一个安详的晚年。空闲下来，就去铭记。

空闲下来，就去铭记，而被铭记的事情终会实现。朝着这样的结论不断去努力，自己就会有变化，就会有引导自己能够安享晚年的能量出现。我们要相信信仰和思念的力量。

这和第一部分描述的乐观主义是紧密相连的。相信自己能够过得很好的人，终会拥有一个美好的未来；总觉得自己的人生非常不幸的人，就很容易招来不幸的未来。

和内心不同频率的事物是不会被吸引的，如果积极地活着，消极就会远去。即使招来不幸，也会因为和自己乐观的想法不搭调而很快离去。

我们应该要有乐观积极的思维方式。

方法③强身健体，不懈不怠

第三点我想说的是：不要懈怠身体，必须加强锻炼。

有很多长寿的人都这么说："努力定会有回报。"即使是上了年纪的人，要想拥有一副好身体，就要不懈怠地去锻炼，这样就不会患上老年痴呆，也不会老躺在病床上，这样便能实现长寿。

要相信孜孜不倦地努力，最终都会得到相应的回报。

即使可以长寿，但是却只能病怏怏地躺在病床上，这种长寿方式会令人觉得非常痛苦。精力充沛，身体也很健康的长寿才是最好的。

医学证明，人的体力到达顶盛时期后，就会以每年 2% 的速度下降。如果是这样的话，我们应该怎么做呢？我不知道这样单纯的计算公式能不能成立，但若真是如此，2%×50=100%，也就是说人的精力到达顶峰后，需要 50 年才能全部消耗殆尽。

如果 20 岁是人精力的顶峰，那么要到 70 岁才能将所有精力用完；如果 30 岁是人精力的顶峰，那么要到 80 岁才能用完所有的精力。精力消耗殆尽也就是归天的意思。

虽说每年的下降率是 2%，但据说如果每天都坚持运动，好好地锻炼身体，下降的速度就只有 0.5%。

照这样说，根据刚才的计算方式，人在 70 岁和 80 岁之间体力就会降为 0。但如果下降速度是 0.5% 的话，人就有足够的精力活到 100 岁。

总的来说，虽然人上了年纪之后，增强体力是不太现实的事情，但是却可以减缓体力下降的速度，这种说法还是有科学依据的。

果然还是要好好锻炼身体，但是不要过于勉强，要经常审视自己身体的极限。

我想举一个例子大家就能明白了。比如，有很多人即使上了年纪，腿脚都还非常灵活。以前，我在公园散步的时候，就经常被那些老者追上。每天都坚持步行的话，腿脚肯定会变得利索。有很多人更是把这一点做得淋漓尽致。他们即使到了七八十岁，腿脚依然利索，轻轻松松地就能追过年轻人。

即使上了年纪，如果经常锻炼的话，腿脚就会变得灵活。

相反，即使年轻，如果不去锻炼的话，腿脚也会变得迟钝。

当然，就综合体力上来说，还是年轻人更好些。但是，哪怕上了年纪，还是要坚持不懈地锻炼身体。

也就是说，如果 70 岁身体就宣告完结的话，通过抑制体力下降的速度，也很有可能活到 100 岁。从科学上来讲，这一点也是不无道理的。

长寿之人虽然都有适合自己的运动，但是他们都有一个共同点那就是“步行”。也就是说最好的运动方式还是步行。

人上了年纪之后，会从腿部开始渐渐衰弱。另外腿和大脑是相连的，所以经常使用腿的话，就能够活化大脑，预防老年痴呆。综上所说，步行尤为重要。

一旦萌生出了不愿意运动的想法，人就不会去运动了。和自己一起运动的朋友可能也会变少，但是如果是步行的话，一个人就可以做到。

因此到最后，大多数人还是会选择步行这种运动方式。

热衷于步行的人不会变老。

方法④经常学习新事物

第四点想说的是：经常学习新事物能让大脑保持活性。

有一位医生在书中写道："人即使到了 60 岁，大脑也只开拓了三分之一，剩下的三分之二完全如处女地一般，从未被开发过。"

因此，人到了 60 岁，还是存在着无限的可能性。也就是说人上了年纪后，还是可以学习新事物的。不要拘泥于"已经上年纪了，不可能学会其他东西了"这样的想法中，如果锻炼得当，还是能够继续提高大脑机能的。

为此，年轻的时候就必须要做好充分地准备。

过了 60 岁，急于使用大脑，这也是不行的。正是因为从年轻时开始就一直孜孜不倦地使用大脑，到了退休的时候才有可能品味更为智慧的人生。

生涯现役人生

（日）大川隆法

年轻时不喜欢动脑的人，到了老的时候不能急于使用大脑。因此，在退休之后，为了老后能够品味智慧人生，必须提前做一些事先准备。

首先，为了确保老后有一定的生活能力，就要事先存一部分钱来确保自己退休后的经济将不存在任何问题。做到不为金钱所困惑也是很重要的。

从年轻的时候就要开始一点一点地着手于老后的知性生活。事先做好“上了年纪后，也要学习”的思想准备，制订出一个明确的目标，并为之慢慢努力也是尤为重要的。

关于这一点，我想以禅学大家铃木大拙的生平为例。

这位大家活过了 95 岁，在年满 96 岁过后没几个月就辞世了。据说到他辞世为止，家中总共藏书大约有 6 万册。在神奈川县镰仓的老家里，走廊两侧堆积的书几乎快到天花板了，行走在家里犹如穿越在由书组成的隧道里一般。我想，能拥有如此多的书，怕是一辈子也学不完吧。

铃木大拙在 90 岁高龄的时候还在将亲鸾圣人的《教行

信证》翻译成英语。这个例子不就很好的说明了他即使上了年纪，也没有罹患老年痴呆症吗。

那么他是怎样将书翻译成英语的呢？听说铃木大拙是躺在床上翻译的。因为“躺着写，脑袋里的血得到了充足的循环，并且躺着也比较舒服。坐在椅子上，血液会向下流动，不利于促进大脑的活性”的理由，促成了他躺在床上完成了这本书的翻译。

这是他 90 岁过后完成的著作，让人感叹于他大脑的机能根本没有衰退。

但是，这位大家并不仅仅只是学习，也经常锻炼身体。往返于寺庙内的石阶，每往返一次就捡一颗小石子立于上面，一天往返五六次是他每日必做的课程。而至于今天要走多少步，则完全是他随性而定的。

由此可见，步行和学习是确保年老后不痴呆，身体硬朗，头脑敏锐，能够品味知性生活的根本。

90 岁的高龄还能翻译出那样具有思想高度的书，他的脑袋是不可能那么容易就痴呆的。希望大家知道，即使过了 60 岁，能力开发依旧有着无限的可能性。

但要做到如此，必须在年老之前就做好充足的准备，没有喜欢学习的习惯也是不行的。

即使老了之后，一时兴起想学习，但是因为从前根本没有学习的习惯，就很难做到那样。

所以事先必须养成良好的学习习惯。我认为常怀着“等将来有了充分的时间，做点什么好呢”的期待，从现阶段开始养成爱学习的习惯会比较好。

方法⑤立志成为他人所需之人

前文介绍了保持长寿的四点。第一，乐观；第二，相信自己能够健康长寿；第三，不怠于锻炼身体；第四，学习新事物让大脑保持活性。

这里我想说的第五点就是不依赖他人，立志成为被他人所需之人。做到这一点可能会有点难。

上了年纪后，随着身体机能慢慢下降，不仅会给他人的生活带来困扰，而且还必须接受他人的照顾。自己和周围的人大抵都会认为这是情非得以的事情。

但是，有很多人却超出了必要的限度，过多地依赖他人。这种人就是所谓的杞人忧天和自寻烦恼，那样也想要，这样也想要的人。这种自私的思想绝对不可有。

确实，人上了年纪后会慢慢地丧失希望和自信，很容易对他人产生依赖的心理。但是，如果直言不讳地对别人提出过分的要求，反而会让人疏远你。想从别人那里得到更多，别人反而会想方设法远离你，这一点很不可思议。

为了能有丰富的老年生活，我们要尽可能地依靠自己，养成独立自主的习惯。要常提醒自己，老后只能依靠自己，所以要为以后做好准备。

事实上，越是能够那么想的人，和周围亲戚和朋友的关系就越好。保持“自己照顾自己的老年生活，尽可能不给他人添麻烦”这样的自尊，准备好年老后的生活费，给他人营造出一个自己也能行的氛围，和旁人的关系反而会更好。

常人不愿意和一发生什么事就全部都依赖他人的人打交道，和这种人保持一定的距离也是人之常情。

如果在别人眼中“那个人不仅可以很好地料理自己的生活，还能坚持不懈地锻炼身体，保持良好的健康状况，欢乐地安享自己的晚年”这样的人无论是在老人还是年轻人之间都能很好地交流。

如果给人一种“和那个人成为熟人后，就像被死神缠住一样”的想法，那大家就会对这种人敬而远之。

虽然这是一种悖论，但是不依赖他人，老后自己努力活下去，尽可能不去给他人带来麻烦的人，往往都能和旁人更好的交际。请大家务必重视这一点。

我还想说的一点就是，我们不仅不能依赖他人，反而要立志成为被他人所需要的人。

一般来说，让人嫌的老人是不会成为被他人所需要的人的，总是习惯依赖他人的这一点，其实是一种改变了形式的“夺爱”。

不被社会所需要，不被家人所需要，并且还依赖他人的人，总给别人带来困惑和麻烦，这就是所谓的夺爱。

持续被剥夺 10 年、20 年、30 年的爱，无论是谁都会失去活力。

因此，老后尽可能地照料自己的生活，成为被世间所需要的人是极为重要的。

为此，活着就必须要有生存的意义。或者一直追寻有价值的东西。这可以是兴趣，也可以是其他东西。

经常参与一些团体活动的话，即使上了年纪也能很轻松地和他人维持良好的人际关系。而这其中，组织就成为了至关重要的存在，因为有它才得以让人有拓展人脉和社交的平台。

最好有一个能说话的人。不是说无关痛痒的话的人，而是能够积极参与各种活动，讨论人生问题的同伴。能够深刻体会到自己对世间仍然有用的这一点是极为重要的。

虽然说了很多次，但还是希望大家努力成为不依赖他人，能够被世间所需要的人。

有可能的话，立志于成为“人生经验犹如图书馆藏书一样丰富”的老人。在周围的人看来，那个人活了好几十年，经历了各种各样的事情，就像是一个拥有丰富经验的智慧宝库一般，和那个人交谈的话，一定能够学到很多。我们应该努力成为这种能够被他人所依靠的人。

如果能够让自己成为拥有丰富的人生经验和智慧的老人的话，不管何时都会被他人所需要。

自己并不愚痴，所以要经常锻炼身体、锻炼大脑，致力成为能够被他人所依靠的人。

3 向着光明的未来

前文叙述了我认为长寿之人的共同点。保持自信，更进一步说是“相信”尤为重要。

不仅对自己的人生要保持自信，并且对自己也要保持自信。要时刻告诉自己是被这个世界所需要的人。让自己拥有“现在对这个世界有用，将来对这个世界也有用”的自信。

相信未来是光明的，更要坚信自己拥有光明的未来。

不管年龄有多大，都有值得我们去学习的知识。例如，教别人怎样乐观地生活等长寿的秘诀。

上了年纪后，人往往很容易变得悲观。如果在这个时候能够拥有乐观、积极向上的心态就真得很难能可贵了。

我认为教会别人做到积极向上这一点是很重要的。

有很多人在 50 岁以前就会有悲观的心态。对于这样的人来说，如果看到八九十岁，甚至是 100 岁的人依然光彩照人，肯定会大受鼓舞。

我觉得教会周围的人如何照亮自己的人生是很重要的。

以上就是以“长寿”为标题，阐述了相关要点和我个人的观点。

不断提醒自己，要想长寿的话，就不要心烦，不要勉强，更不要生气。希望大家都能努力去实践。

第2章

生涯现役人生

1 想法有很大的力量

2 年轻时候的失败和成功并不能决定人的一生

3 向生涯现役人伊能忠敬学习

1 想法有很大的力量

自身的心态决定人生的道路

我针对各个年龄段以及各个领域会出现的问题给老、中、青、幼不同的人授过课。从中我发现，不同年代的人所追求的东西也不一样。

例如，曾与人为了探寻灵魂的起源，特意举办了“外星人朗读”这个活动。像这种主题，感兴趣的多为年轻人，而本章的主题，针对的群体则更偏向于中年人。

我认为小孩儿们可能会对外星人的话题感兴趣，但是对“生涯现役人生”这样的主题就索然无味。

根据听众的不同，授课的内容也应该进行相应的改变，这样顺应形势的做法或许会比较好。

本章的主题是“生涯现役人生”，这是一个很难解读的主题。

如果读过本书的读者能够从中体悟并总结出这本书的真谛，那么，这也算得上是我的意外收获。特别是第一次读我书的人，就能规划出自己的“生涯现役人生”，那更是难能可贵。

但是说这样的话题，反而会给我带来反作用，这是一个比较难开口的话题。

每当听见别人说“老师您自己又是怎么一回事，也请为做到生涯现役而努力”，这会让我顿生一种非常沉重的感觉，像这种基础的话题，无论是读者还是作者都会比较难以启齿。

但是，如果是熟悉我过去的人，肯定会觉得我似乎一年比一年更显得年轻。现在的我，无论是体力还是脑力，都不会比 30 岁的时候差。人仿佛年轻了 20 岁，简直是一件不可思议的事情。请大家务必知道这个保持年轻的秘诀。

事实上决定人生和命运的，与其说是能力倒不如说是心态。心态决定人生。

人的心态决定人的一生，这可以说是二十世纪最伟大的发现之一。

这是以威廉·詹姆斯为团体的学者们从心理学的角度验证的事实。在美国，也有很多人将这种思维付诸于实践。

也就是说对人而言，最重要的就是心态。一个人拥有怎样的心态，就决定了这个人会拥有怎样的一生。如果按照列车要么前进，要么后退的行动轨迹来想的话，或许就容易理解了。更进一步说的话，人生就像汽车一样，能够驶往不同的方向。而决定我们前进方向的就是我们的心态。

2 年轻时候的失败和成功并不能决定人的一生

经历了很多事，让我更为坚信，年轻并不能代表一切。受应试教育的影响，人们已经被“能力决定一生”这种思想给洗脑了。

年轻人为了考试成绩拼命学习。他们拼命地追赶，哪怕只为一、两分的偏差值。而有时候，就是因为这一、两分的偏差，却决定了入学考试的合格与否。

因此，20岁左右的成功，就已经被自己妄自地决定了。大家很容易就这么认为“能够进入特定的学校，人生就已成功了，相反就失败了”“有一流大学，二流大学，三流大学，就读大学的档次也决定了人生的档次”。

但是，随着时代的变迁，我渐渐明白了，事实并非如此。当我从事现在的事业之后才意识到，人的思想存在着很大的力量。拥有怎样的心态，就会拥有怎样的人生，给他们造成的影响也会随之改变。

在应试教育中，绝不会有人教大家这一点。只有真正体验到这一点的人，才会相信这是真理。

明示人生之志，一步一步向前

我用让大家都容易理解的例子描述了心态的重要性，而这可以被运用到生活和工作的方方面面。

例如，不管是经营公司，还是规划自己的人生，只有做到先稳定了心态后，道路才会畅通无阻。

无论是谁，都会有一个自己认定的目标。但是，很多情况下会因为觉得那种事是不可能实现的，而立即否定了原先的目标。有甚者干脆以不可能为由，而给自己找了个放弃的借口。

也就是说，他们会追溯自己的过去，自己的成长历程，想到自己过去的失败或者劣势，又会以社会现状依旧不顺利等各种理由来说服自己放弃，承认自己的懦弱。

懦弱地给自己找“做不到的理由”来保护自己。为了避免遭遇惨痛的失败，事先就想好了做不到的借口和失败的理由。只要不去挑战，就不会让自己受到伤害。想必，这种想法谁都会有。这就是芸芸众生。

很多人或许在很久以前就已经为自己拟定好了做不到的借口。到最后，当实在找不到理由，就会以健康为由，来替自己逃避问题。例如，体力、年龄、疾病等。

但是，借口终究只是借口，问题到最后还是要面对和解决的。

如果自己的志向是可以造福于他人的话，那就一步一步地去实现吧。这样的努力，不仅会得到他人的支持和认同，而且自己也不会执着于找各种借口去逃避和放弃。

3 向生涯现役人伊能忠敬学习

56 岁开始，72 岁完成徒步丈量日本全国的忠敬

想以伊能忠敬的例子来为大家解释下何为“第二人生”。这个人因为徒步全国，绘制出了日本地图（大日本沿海与地全图）而广为人知。

伊能忠敬在 51 岁的时候开始学习绘制地图。从事地图绘制工作必须要学习数学、测量学、天文学等知识。为此，忠敬就常向比自己年轻的老师学习。

当时日本人的平均年龄只有 40 岁左右。而就在那样的时代里，忠敬就已经达到了 51 岁的高龄，并且还向比自己年轻很多的人学习天文学、测量学以及数学运算。

忠敬正式开始对全国进行测量是在他 56 岁的时候。历

经 20 年左右，到了 72 岁的时候徒步走完了日本并成功地绘制出了整张日本地图。

当时绘制地图都是徒步进行的，所以，忠敬计算距离的方式也很叫人吃惊，他是通过计算自己走过的步数来测量距离的。

事实上，用卷尺和测量尺等测量工具并不能准确地测量出距离。因为有的道路崎岖不平，有的山坡度很大。但是，如果用自己的步长来测量的话，根据走了多少步，就能很清楚地测量出距离。首先，迈出步伐，其次，用三角测量方法计算出范围。

直面三个凶兆不改变信念

忠敬在测绘日本地图的过程中历经了数不清的困难。比如，在测量的途中病倒过五次。特别是有一次在测量山

阴某地 * 的时候，病魔几乎要夺走了他的生命。但是，他并不以此为退缩的借口，最终完成了自己的夙愿。

忠敬在平均寿命只有 40 岁的年代，56 岁才开始进行测绘工作到最后完成了整张日本地图，这着实是一件了不起的伟业。

据说，忠敬在决定开始向全国迈出脚步的时候，被降下了三起不吉之兆。这也有可能是后人制造出的传说，具体内容如下。

第一个传说，据说忠敬在旅行之前，自家梁上的雏燕从窝里掉下来死掉了。

目睹眼前情况的亲戚们都说："很少会发生雏燕掉下来死掉这种事情。这是凶兆，连天老爷都不让你出门。"于是，全家人都制止忠敬出门。

---

* 译者注：是日本地理的地理区划之一，位于本州西部面向日本海一侧的地区。

但是，忠敬说："雏燕掉下来死掉的事情时有发生，只是碰巧被我遇上了而已。"无视这件事，忠敬毅然选择出发。

第二个传说，据说当忠敬正准备出门时，草鞋上的带子一下子就断掉了。

家人以此为由再次劝阻忠敬说："不让你出门是神明的旨意。还是不要去比较好。"

但是，忠敬依旧没有把这当回事儿，说道："草鞋又不是铁做的，鞋带会断这是理所当然的事，重新换一双鞋子就行了。"说完就出门了。

第三个传说，据说是忠敬出门后，家里的酒桶全都裂开了。

忠敬家以制酒为生，但是酒桶却忽然间全裂开了。一般情况下，很少会出现木桶因为膨胀而崩坏桶箍造成炸裂的情况发生。

于是，家人连忙追上去说道："够了够了，不要出去了，你这样做已经违背了天意，绝对不要出去。”并试图阻止忠敬。

可是，忠敬依旧反驳道：“木桶会炸裂这不是经常发生的事情吗？”言毕，大步向前走去。

看了“忠敬全然不顾这三个凶兆，毅然出发”的故事，可以确定忠敬并不是一个迷信的唯物主义者。但事实上，忠敬是一个信仰特别坚定的人，这不过是后人制造出来的夸张传言罢了。说这些想表达的就是，伊能忠敬所做之事存在很大的困难。

人本来可以活到 120 岁

99% 的人会认为，在平均寿命只有 40 岁的年代，从 56 岁才开始徒步进行全国的测量，太超乎常理了，哪怕在途中死去也是无可厚非的事情。因此，家人会阻止他出门也是理所应当的事情。

但是，这终究还是成为了一件非常了不起的事迹。现在日本男性的平均寿命是 79.4 岁，女性是 85.9 岁，取其中间值就是 83 岁左右。

伊能忠敬在 51 岁的时候才开始学习测量，他的年龄足足高出了当时平均年龄 11 岁。按照今天来说的话，就是 94 岁才开始学习天文学和测量学，之后五年也就是 99 岁开始徒步测量全国，接近 120 岁的时候完成了地图。放在现在来说，其难度可想而知。

如果 94 岁开始学习，到了 99 岁就必须出发进行测量的话，最后垂死在路边也是一件不无可能的事情。

谁都会因为刚才所说的“三个凶兆”而畏惧。可是，最后还是有人完成了这个伟业。

而且据传言，忠敬从小时候开始就体弱多病。因此，周围的人都劝他：“你小时候身体就不好，容易生病，凭你那体弱多病的身体怎么能去做测量呢？”事实上，忠敬的身体确实不好，而就是这样体弱多病的人，最终却出色地绘制出了日本第一份完整的地图。

这对上了年纪的人来说，绝对是一件不得不说的逸事。这件事情也足以说明，人的年龄并不能阻碍其能力的发展，也不能限制其行动的能力。

忠敬的事情放到现在来说，就相当于是100岁开始工作，120岁完成工作。这确实是一件严峻的事。

曾经有假设指出，从生物学角度来说，人本来就可以活到120岁。但是很多情况下，大家都会在“自我实现”之前就离世。这就如前文所说的，有很多人会因为既没有工作，又生病，又给人添麻烦，索性快点死了的这种心态作祟而急于奔死。

因此，上了年纪后，更要培养自己的兴趣，找到能让自己为之热衷的事情，并为之努力下去，这一点是极其重要的。

此外，留心身边的新事物也同样重要。

经常听人说，要关心一下年轻人所做的事情。但是随着时代的变化，对年轻人热衷的事物却是怎么也提不起兴趣，没有必要去刻意模仿，顺应潮流。

但是，在自己有限的生命中，一味地执着于过去的习惯，反而会适得其反，这样的例子也不在少数。因此，如果认为那样做没有错，那么就请认真仔细去做好它。

数学计算和汉字练习对预防痴呆卓有成效

前文介绍了伊能忠敬上了年纪后才开始学习的事情。而现在，有研究指出为了预防老后头脑痴呆，听说只要能每天坚持做小学生的计算题和汉字题会很有成效。

我的母亲每天都热衷加减乘除的数学运算，最开始做四则混合运算的时候，100 道题要花 30 分钟左右，而如今只要 4 分钟就可以做好，她也为此颇为自豪。

顺便说一句，我见过我母亲所做的计算题目，在 4 分钟之内能不能解决这些问题，对于我自己来说也稍有一点没自信，而“让我也来试试看”这句话却是怎么也说不出口的。

当我听见她说“连有高学历的儿子在 4 分钟之内也无法做到”时，确实让我挺难为情的。如果是想挑战 4 分钟内做完 100 道题目这件事，还是练习过后再挑战比较好。

多亏于此，母亲现在的头脑特别灵活。记得母亲五六十岁的时候，头脑曾经有点迟钝，但是 70 岁过后，头脑再次灵活起来，而现在，已经特别灵活了。果然，只要能坚持长时间练习的话，头脑也是能够重返生机的。

另外，与其只是单纯地预防痴呆而只学习同一件事，倒不如学点有好处的东西比较好。

就是这样一个道理，如果一味地去找做不到的理由的话，借口就会层出不穷。但是，只要你决定去做的话，道路就会畅通无阻。

生涯现役人生

（日）大川隆法

贯彻“生涯现役”的人生

据某国家统计，如果国民的痴呆年龄提前一年的话，国家一年就会多出1500亿左右的预算支出。如果单单只是延迟一年就能节约1500亿元的话，那么我们就更应该努力推迟痴呆年龄晚几年到来。

确实，痴呆过后的10年，20年里会给周围的人带来很多烦恼，也会造成多余的国费支出和税收支出。

随着现在老龄化社会的趋势，到30年后，老年人的数量一定会达到一个令人恐怖的数字。也就是说，到时候所担心的就是税收能否够用，国家是否会崩溃等问题。

这些问题对专业人士来说或许会有别的解决方法，但是，在此之前，我们还是应该先考虑一下自己能做什么。

那么对于这种基本想法，该怎样去阐述它呢?

第一，我认为要以“生涯现役人生”为目标。尽可能地保持头脑灵活，体力充沛，不给周围的人带来麻烦。如果可以的话，最好能有一份收入稳定的工作。在离世之前，能有份收入稳定的工作，不给他人添麻烦，这就是年老后的理想状态。

如果能够这样活着，就绝不会对年轻人心生怨念。而年轻人也不会有“税收都拿去给老人养老了，这还让我们年轻人怎么活”“这会让国家崩溃”等怨言了。即使到了100岁，依然能对工作抱有极高的热情的话，那身体和健康状态自然不在话下。

为了保持健康的身体而进行的身体锻炼，和为了防止老年痴呆而进行的头脑锻炼，这些会带来怎样的效果呢？

如果看到一位身体健康，并且经常学习新事物努力攀登在自己人生途中的人，自己想必也会大受鼓舞并且向他学习。那种人开辟了自己的道路，让自己成为了一个有责任感的人，这样就会赢得社会一片喝彩。像这样，世间也会变得美好。

在老后依旧能够通过自己的努力获得一份有稳定收益

的工作，这的确是件让人生羡的事情。或者，不计较收入的，也可以做些志愿者类的工作，那也能给社会做出贡献。努力做到不给周围的人添麻烦而活下去，这本身就是一件十分了不起的事情。

大家如果贯彻“生涯现役”，对“PPK”身体力行（长寿且充满活力，不生病，最后自然死亡），现在预算的财政赤字应该就不会出现了。

继续从事有收入的工作需要技术、知识、经验

和过去相比，人的寿命是延长了不少。但却有了“活得越久，人越累”的状况出现，这着实令人感到悲伤。

有很多在55岁退休的人，大抵在60岁左右的时候就辞世了，因为养老金的支给也只有5年左右，所以现存的养老金制度完全没有问题。

但是，在退休过后的几十年里，会有“谁来支付那越

来越高的养老金”这样的问题出现，这着实令人非常头痛。

虽然，可以等着周围的人为我们制造一个好的社会环境，但是，却不能一味地等着这个环境的出现。给他人带来烦恼并不是一件值得高兴的事。基本上，人必须依靠自己开辟一条前进的道路。

即使上了年纪，也要尽可能地让自己的人生绽放光芒。此外，要让自己成为有利于这个世界的人，如果可以的话，能够继续从事一份有收入的工作就更好了。要想继续从事有收入的工作，就必须要有相应的技术和知识，此外，如果能有相关的经验那就更好了。

如刚才所说的伊能忠敬的例子一样，人即使过了50岁，也是能够学习新的事物，开辟属于自己的人生道路。

人有所不同，与之相应的，所具备的才能也有所不同。我觉得大家应该以“生涯现役”为目标，努力向年轻人传递正能量，给他们的生活带去更多的活力。

要做到这一点，首先就要摒弃消极的思想。年轻人不管怎样拼命工作，到最后都会沦为“一个年轻人”养“一个老人”这种结局，很多人都会认为那样太过强人所难了，而变得没有干劲。这就意味着“50% 税率”的生活就会到来，而在这种压力下工作根本就是毫无意义的。

哪怕不是有钱人，作为一个普通的工薪阶层，最终还是会迎来税收 50% 的生活，也许不是全部人，但还是会有相当一部分人为此失去斗志。

我们必须断了这样的借口，并将其连根拔起，回敬年轻人：“连我们老年人都如此努力了，你们年轻人还有什么可抱怨的，应该更努力地工作！不要将你们年轻人不想工作的借口强加在我们老年人身上。”

反正迟早都会死，何必那么拼命工作，倒不如在家无所事事，享受一个宅男的乐趣。这些都是很不好的想法。

老年人绝不能因为自己不想工作而狡辩这是为了给年轻人提供实现梦想的机会，并妄想有一天能够得到更高额的保险金。即使有朝一日真的收到了那笔钱，对于自己和年轻人来说都不会是一件好事。

我最后想说的是，人要勤奋工作，成为对社会有用的人，能够从事有收入的工作，这些都是极为重要的。

完全脱离“由国家照顾”的社会

另外，即便是在美国，因为奥巴马曾有过这种倾向，最终在国内激起了“茶党运动”等反对运动。

我认为，正因为美国人有通过自己的努力来赚取财富的能力，努力去完成自己的人生规划，让自己能够安享晚年的传统，才称得上是大国。在这种大环境下，那些不愿工作的人，老后的生活定将穷困潦倒，这也是可以预见的事情。如果由国家担负起这些人的养老问题，那根本就是在浪费勤奋之人所缴纳的税收，这种事情绝对不能发生。

美国曾闹得如火如荼的茶党运动旨在反对奥巴马再任。从某种意义上来说我认为美国人有他们的伟大之处，他们深喑自由的本质。

在美国，很多人认为只有靠着勤奋的工作，并积极筹备自己将来的人才可以安享晚年。“不管努力与否，其结果都是一样的”这种想法会让人堕落，会让国民变得无能，会让国家衰退。

美国不愧是自由主义国家，的确还有很多值得我们去学习的东西。

而日本现阶段根本达不到美国那种程度，国民们会认为一切都由国家来照料，这不是很好么。像北欧国家一样，用 50% 的税收来让人们安享晚年，虽然令人称快，但是却不利于国家的发展。

再次挑战过去的兴趣

为了能够让年轻人踏上勤奋之路，我建议年轻人应该去学习伊能忠敬型的人生。当然，这个学习并不是指测量。

如果全国人都开始去测量这个国家，那肯定是一件很糟糕的事情，这种工作并不需要那么多人去干。

回首过去，曾经的兴趣正是我们的才能所在。也就是说，在过去的兴趣和关心的事物中，有很多因为不能兼顾而舍弃的东西，或者是没有完成的东西。原本想再多学一点，但是因为各种缘由却没有坚持下去，导致最后无果而终。

比如“真的很喜欢画画，但是因为从事的是其他行业的工作，最后没有再继续了”“真的很喜欢音乐，但是最后却舍弃了那条路”“很想写一本小说，但是因为其他人都说‘写小说不能当饭吃’，所以不得不舍弃了梦想成为了上班族，直到晚年退休”等例子数不胜数。

但是人生没有“太晚”这回事。现在重新开始，依然能够开花结果。

我的工作量或多或少要比三四十岁的时候更多。这是因为和以前相比，心力更强的缘故。此外也可能是因为更有自信了，为自己这 20 年内获得的成绩而倍感骄傲。

因此，过去没能写的东西，现在都能心平气和地写出来，这都要归结于时间的沉淀和经验的积累所铸成的结果。如果放在二三十岁时写的话，肯定不知道该写些什么，我想这可能就和人生的历练有关吧。

我想，正在阅读这本书的读者中，应该有很多都是我的前辈，即使有很多人的年龄已经远远超过我，即使他们和我爷爷奶奶是一个年代的，我也能够做到直言不讳。希望大家也能有我一样的心态，为我们的将来共同努力。

第3章

生涯现役的“心态”

1 用心开辟前进之路

2 如何保持健康

3 头脑风暴

4 为了安享晚年

1 用心开辟前进之路

要想战略性的生活，还需提高自身能力

我和以前相比更显年轻。果然不能在 55 岁的时候就隐退了，还应该继续工作。时代正在改变，我也必须更加努力。

因此，战略性的生活方式尤为重要。这里所指的并不是放任自流，等着腐朽。

如今的公司擅自替员工决定退休年龄，一旦员工到了这个年龄，就劝说他们可以不用工作了。而这时，我们就必须采取捍卫自我权益的手段。尽可能多得去尝试些能够

为社会或他人做出贡献的生活方式。如果有好的对策，肯定能够开辟出多条前进的道路。

如果放任自然的话，随着年龄的增长，其能力就会下降。但是，若能够重新锻造，就一定能焕发出新的生机。而这个关键点则在于人心。

因此，本章会论证各种论点，给大家做一个总结性的概述。

2 如何保持健康

以“矍铄地生活”为目标

想要拥有生涯现役的心态，最重要的前提就是健康。如果失去了健康，拥有再多也是徒劳。如果没有健康，不管是地位、名誉、金钱，或是美丽的妻子，出人头地的孩子等，一切都是浮云。因此，首先必须得重视健康问题。

或许，重视健康给人的第一印象是属于唯物主义的范畴。确实，我们生活在这世上的确有唯物的一面。但是，从某种意义上来说，也反应出了我们的精神层次。

因为这个社会经常会懈怠健康问题，所以我们就更应该坚信健康第一。

其次，我们必须以矍铄地生活为目标。在年轻人这个圈子里，即使你对他们说要矍铄地生活，或许也会有很多人会不明白它的意义所在。但是过了 55 岁的人，不知道这个的肯定是少之又少。

果然，随着年纪的增长，就更期待能够获得精神上的矍铄。希望自己在死之前都能够拥有一个硬朗的身体，能够有矫健的步伐，清晰的头脑，健谈的语言能力，还能够继续工作，还能够继续教年轻人。

因此，能在自己的心里描绘出这样理想的状态是尤为重要的。55 岁这个年纪并不是完全步入老年，而是这种理想状态的起点。为了能让自己老后也能矍铄地生活，必须要有相应的心理准备。

退休后，忽然消沉的多种理由

公司不同，其退休年龄也不同，但是很多公司都将 60 岁设为退休年龄。有很多人虽然在工作的时候状态很好，可一旦退休后，就放任自流，以至于在不到一年的时间内，人就会一下子变得消沉起来。

究竟是什么原因让人变成了这样呢？因为退休后他们不再去工作，身体也就渐渐变得衰弱，头脑也变得不灵活。身体会因此加速衰弱，我们不得不重视这一点。

举一个明显的例子，我父亲以前上班的时候，体重是52kg 左右，身材还算比较匀称，但是退休后，仅仅一年的时间，体重一下子到了 64kg，身材就胖了起来。

上下班会消耗人体大量的卡路里。不仅是上下班，工作的时候可能也会消耗卡路里，每天去工作场所都会产生很大的运动量。

我的父亲一年内胖了 10 多公斤，虽然很想劝他，但是却开不了口。生活方式一下子变了，而身体要在短时间内做出相应的改变却很难。如果在事前没有对策，就会变成我父亲这种状况。

“意志和习惯”是保持健康的基本

首先，努力保持健康是非常重要的。而保持健康依靠的是意志和习惯，这一点或许会让大家觉得意外。为什么这么说，因为这个基本是由这个世间的基本单位构成。

慢慢上了年纪，为以防万一，运动不要太过激烈。老年人万一摔倒了，会造成相当严重的后果。

摔倒之后，也许会骨折，也许会扭伤，但不管是哪种情况，都会造成几个月不能动弹的结果，如果为此而终止了体育运动，就会逐渐变得消沉。所以，必须注意避免事故受伤。

老年人要尽可能养成适量运动的习惯。这样做不仅能够防止体力衰退，还有可能重返年轻。

我年轻的时候就有类似的感受。第一章说过，我在 30 岁的时候，经常出去散步，那时候腿脚利索的老年人可以轻易地超过我，这种经历让我自愧不如。

那时我的体重比现在重，硬要说的话，就好似海狗一样蹒跚，而其他人的动作则异常轻盈。比如，当我在公园的池子周围散步的时候，反方向的步行者最先到达池子的中间，每走完一圈，他们都在不同的位置上，到最后我根本追不上他们。从这点就可以很明显地看出，他们的步行速度远远比我快好多，这让我非常的难为情。因为我比他们年轻，但是他们走路却比我快很多。

步行锻炼下半身肌肉

人的衰弱是从脚开始的，脚是维持身体运动的根本。因为下半身的肌肉比上半身的肌肉多，因此，如果下半身肌肉的基础代谢能力提高的话，就能够增加能量的消耗。

也就是说，下半身的运动可以有效地燃烧脂肪，消耗多余的卡路里，更能防止所谓的代谢综合征。

为防止代谢综合征，从基本上来讲，应该先从下半身开始比较好。虽然上半身也有肌肉，却不及下半身的几分之一，所以，请大家重视脚部运动。

因代谢综合征而诱发的肥胖，更容易在更年期或者中年的时候招来各种各样的疾病。通过步行来锻炼下半身肌肉从而预防这种肥胖是极其有用的。

我随身携带计步器，连旅行的时候都不忘带，为的就是能够记录每天步行的步数。每当一天的步行数超过一万步的时候，我就会像小孩子一般在当日的任务栏里愉悦地画上红线。

一方面，因为要工作，会导致运动量不足，这着实是一件令人难过的事情。而当工作不那么忙的时候，运动量也会随之增加。这是多么的无可奈何啊。

有必要为一天一万步努力

不管怎么说，一天一万步这是必需的。普通上班族的运动量也就是每天从家里步行到车站，随后乘坐电车到公司，他们每天走的步数大概在7000步左右。此外，家庭主妇每天走的步数也在7000步左右。这当然包括了在家里以及买东西时候的步数。

最好的目标是一天一万步，但是大多数人每天都差3000步左右。

3000步并不是一个很大的数量。按照距离来算的话，也就1.5公里到2公里左右。这就是我们需要另外花工夫的部分了。

也就是说，一天里能够有30分钟左右的时间用在步行上就可以了。这30分钟并不需要一气呵成，将这30分钟分开来完成也一样有效果。

例如，以前经常听说，如果慢跑或者在跑步机上不一口气跑20分钟或者20分钟以上就不会有效果。但是最新的研究表明，只要加起来跑步有20分钟同样有效果。

也就是说如果一天要走30分钟的话，将这30分钟分成三部分，每 10 分钟算一次，或者分成六部分，一次走 5 分钟，效果都是一样的。

如果家里有院子的话，围着庭院走 5 分钟就可以，抑或是在家里转来转去也可以。

在书库散步积累步数的我

我的员工为了让我也能够实现生涯现役，于是将我住所的一半设计成了图书馆的样式。所以，我就生活在一半“人权”一半“书权”的建筑里。

这个书库和普通的图书馆一样，里面是开架式的书架，但是如果单单围绕书库走一圈的话也会花上 10 分钟，而这也仅是挨着办公室的书库而已，我在其他房间也有书库。离办公室最近的书库到办公室大约有 600 米左右，约有 1000 步的距离。因此，如果围绕书库走一圈的话，就可以多出 1000 步，按照前文所说还有余下的 3000 步，那么围绕书库走三次就足够了。

我出过很多书，在午饭前完成三本书的原稿校对，这种事情在我身上时有发生。但是，如果一直校对稿子的话，肩膀部分就会很酸痛，所以我也会在书房里散步以减缓身体的不适。

第一本书校对完过后，我就会花上 10 分钟在书房里走动然后回到办公室；然后，第二本完成过后，同样会花上 10 分钟在书房里散步然后回到办公室；最后，完成第三本的时候，我也会同样这么做。这样，大概就走了有 2 公里的距离。

如果夏天在外步行 2 公里的话肯定会惹得一身汗，但如果将场地换成家里的话，就几乎不会出汗。就这样，步数也会随着心态的变化而增加。当然，在没有适当场所的情况下，如果能在房间里放一台跑步机也不失为一个不错的方法。

生涯现役人生

（日）大川隆法

医疗检查时，脉搏数没有上升，让医生迷惑的插曲

前一段时间，我去医院做了一次身体检查。是关于运动的时候血压和脉搏是怎样变化的检查。全身被贴满了电极片，让我在类似跑步机的器材上跑步。

那个宛如“杀生机器”般的器材，最开始的速度就和普通的走路一样，到了第一阶段，角度变得倾斜，速度也有所提高。然后到了第二、第三阶段，角度变得更大，而速度也随之变得更快，直到脉搏数上升到每分钟 140 次才停止测试。

但是，我的脉搏无论如何都达不到 140 次，所以只得不断地跑，真是败给自己了。

按照我的年龄来算，心跳可以达到每分钟 140 次以上的运动对于我来说都算是激烈运动了。平常步行的话心跳速度根本就不可能达到每分钟 140 跳。

因此，随着机器角度的倾斜，步行的速度就会越来越快。

但是尽管如此，我的脉搏数还是没有达标。

为此，医生也卯上了劲，将角度上升到了第三阶段，时速达到了6公里。最后，脉搏数好不容易达到了每分钟120跳。最后医生用一句：“就这样吧。”结束了检查。

因为我每天坚持步行，就这么一点负荷根本难不倒我，我泰然自若地对医生说道：“这样就结束了吗？”而医生最后的回答是：“脉搏数上升得很慢，这对诊断很有困扰。”

最开始，我对医生所说的“是不是工作得太多了”而感到不安，但根据检查结果显示，我的身体十分健康。

医生连三成都没有说中

顺便说一下，医生对我的状况了解得并不全面，相较于医生所说的，我更愿意相信占卜师的话。对于某些问题医生几乎都没有说中，而占卜师却说中了一些。如果占卜师一点都没说中的话，就肯定构不成交易。虽然我更希望他能说中五成左右，但是即使他只说中了三成也不能说他们骗钱。但是医生却连三成都没说中，水平确实挺低的。

在我 40 岁的时候，生过一次病，医生对我说“必须像乌龟一样走慢点”，但是现在却对我说“如果你不出汗的话，会影响检查”。医生似乎都喜欢随便说，完全不可信。

努力坚持慢运动

运动有很多种，选择合适自己的才是最好的。可以是游泳，也可以是跑步，更可以是其他的运动项目。如果经常坚持游泳，或者跑步的话，血压和脉搏数一定会降下来，甚至能够达到非常低的数值。

坚持慢运动很重要，请大家务必努力坚持下去。

不管怎么说，健康还是第一位的，这是用金钱买不到的。老年人中有很多人是药罐子，如果他们坚持运动，下定决心慢慢脱离药罐子的话，一定会成功。

当然，这可能也有医生方面的原因。因为如果医生一旦不想让停药的话，就会越开越多，根本不可能让你减下来。但是，我认为如果检查的结果有了明显的变化，那么就应该减少用药。

健康很重要。并不单单只是“活着”，而是要很“矍铄地活着”。如果内心里希望达到这种状态，就要树立一个准确的目标，最终终将实现。

希望大家能尽可能地维持健康，让身体和头脑都处于最佳状态。这就是肉体的心态。

3 头脑风暴

60 岁左右的时候重读《伟人传》树立新的志向

“生涯现役的心态”中第二个重点是和能力相关，所以必须锻炼大脑。

如果不用脑的话，以前学过的东西就会被慢慢忘记，记过的东西也会忘记。所以我们要不断地锻造，要不断地用脑。其最简单的方法就是读《伟人传》。

在 10 多岁的时候，也就是才醒世步入高中的时候必须读一次《伟人传》。

第二次必须读《伟人传》的阶段是在 35 岁到 40 岁，它可以帮你重新树立人生目标。第三次读《伟人传》务必要在 60 岁左右的时候，也就是在即将退休之时。在这个阶段，必须再读一次《伟人传》，不正是应证了“老而学，死不朽”这一名言吗？也就是说，死而不朽，就能继续人生最后的辉煌。

处于花甲之年，有必要重读《伟人传》，如果不那么做的话，很可能就会变得没有斗志。而本身在公司也没活可做，于是就会慢慢丧失干劲，走向人生的下坡路。

为了避免这种状况，就应该在60岁左右重温一遍《伟人传》。

即使对七八十岁的人来说，重读《伟人传》也不算太迟。现在的寿命和以前完全不同，所以并不能预知将来的事情。如果以活到100岁为目标的话，在七八十岁的时候重读《伟人传》也还来得及。因为还有很长的人生，所以为了“立志”有必要重读《伟人传》。

为了让大脑重新得到被锻造的机会，就必须采取一些必要的措施，让自己拥有能够锻炼大脑的东西，来预防大脑机能的减退。

例如，我最近在努力学习语言。2007年时我已经51岁了，并且以自身为例子，证明了50岁才开始学习英语，也是能够提高英语水平的。

年轻的时候学英语，当然能够学会，但是一旦上了年纪，英语水平就会有所下降。三四十年不去用它，水平下降是必然的，直到最后甚至会全部都忘记了。如果30多年都不去碰英语，使用起来就会变得很没自信，也会担心自己还能不能达到中学的英语水平。有时英语能力甚至会下降到连中学英语水平都不如。

我以前有说过我重新学习英语的契机，大概内容如下：

这是我40岁时候的事了，那时候我的大女儿还是一所私立学校的初二学生。当时她正念初二，有一次期中考试，英语考得特别差。当时，虽然有家庭教师辅导，但是那个家庭教师看了答错的题目后说道：“我也回答不上来。”

那是一道会话的填空题，那个老师说：“我不怎么擅长英语会话，所以也不能给出很好的答案，这问题，问一下您的父亲或许会比较好。”

当时我说：“交给我吧，英语会话的话，看一眼就能答出来。”但是，当我看到这题的时候，冷汗一下子就冒出来了。只看一眼，我并不能给出准确的答案。

虽然我说过，我曾经学习英语的时候口语非常流利，但是对于填空题还是不擅长。我想：糟了，我答不上来。初中二年级的英语就已经那么难了？我的脸一下子就变青了。

这虽然是 7、8 年前的事情了，但在当时，我惊恐于自己的英语水平下降得如此之快，于是将有 500 页左右的英语语法书从头到尾看了三遍，开始重新学习英语。

每天早饭前，我都会花上 15 分钟来做语法书后面的题目，并且复习三遍当天所学的语法。那之后，学校的英语测试题，只要看一眼我就能给出答案。

我自己说出来这点有点奇怪，但如果认真学习的话，这就会变得理所当然。

大女儿学校的英语老师是刚从早稻田大学毕业的年轻女老师，据说那老师也有参加类似 NOVA 的英语会话学校来学习英语。

我看了一下那老师给我女儿英语作文做的批改，发现也有被遗漏的错误。果然，万物实践才能出结果。

让医生吃惊，“医学上本应死亡”中的复活

我曾经因为身体严重失调而住院，从医学角度上来说，已经快达到死亡的程度了。

据说，当时我的事例还刊登在了某本医学杂志上，名为“本应该是将死之人却又活了过来”。因为隐藏了年龄和职业，是以匿名的方式进行报道的，所以我也不知道说的是不是我，但是我想如果是医生的话，应该都读过这篇报道。

所谓“医学上已死”指的是心脏已经停止跳动了，而

我这个明明没有心跳的人，却依旧过着正常人的生活，可以走路，可以吃饭，这着实让当时的医学界为之震撼。

我还记得当时医生很吃惊地对我说：“你的心脏已经不跳了。”但是我却一点不知情地问道：“到底发生了什么事？”

就在前一刻我还在医院里走动，但下一秒就被医生告知说“我已经死了”，遇到这种事情，想必无论是谁都会生气吧。

对活着的人说“你已经死了”，这是一件多么残忍的事情。我不知道自己是不是真的死了，反正就以“尸体”的状态住院、吃饭、输液、睡觉，做一些对“尸体”来说很奇怪的事情。

当时我的身体机能确实很糟糕，只要身体里的水分一多就会溢出来。因此，医生不得不将多余的水分从我的身体里抽出来。

而我以上所说的这种病症，也被人们统称为“社长病”，这也是职业病的一种。我开会时，经常会喝很多水，在本部上班的时候，秘书也经常给我斟茶，水的摄取量比常人多很多。

水分摄取过多的话，会造成心脏肥大，心脏的收缩能力也会下降，所以，才致使我没有意识到自己的心脏早已开始衰竭。

这就是我已经“死了”，但是却又“复活”的原因。这和“俄塞里斯”的复活一样。（注：俄塞里斯，6000多年前诞生于希腊。埃及的支配者，埃及王，被其弟杀死后，被妻子伊西斯复活。）

那之后，我抽掉了身体里多余的水分，体重也因此下降了十来斤。并且累积走了足以横穿日本列岛，也就是3000公里左右的距离来锻炼身体。

因为养病期间太过无聊的缘故，我只要一有空就重新学习英语。在学习完语法之后，我还会学习英语写作和英语会话。不知道从什么时候开始，我已经达到了能够在国外演讲的英语水平了。

我年轻的时候曾有一次因为工作原因去过纽约，当时的我还默默无名，所以听我演讲的人并不是很多。因为工作需要，经常会用英语和他人进行交谈，打电话等。但是，那时我的英语水平还远没有达到能够做演讲的程度，这点让我感到非常遗憾。

因为，当时看到很多在美国生活了 20 年的社长们用英语在人前演讲，所以产生了也想试试看在人山人海面前演讲的想法，但是我却并没有这样的机会，所以就回到了日本，重新回到了日语的环境里。

但是，当我再次重新开始学习英语之后，我的英语水平开始慢慢达到了一个新的高度，能够很准确地用英语来表达出自己的意思和想法。

很多美国人都无法做到这一点。即使是美国总统演讲的时候也需要依靠演讲稿，而我却不需要。而我达到如此水平也只花了数年时间而已。

如此，只要不断磨炼我们的能力，还是能够再上一个台阶的。但是，如果一段时间不去碰它就会下降，因此必须时时刻刻都要努力学习和巩固。

学习语言对防止痴呆很有效果，所以有必要去尝试一下。如果是已经退休的人，可以靠着经常做计算题等来锻炼自己的大脑。

对新事物保持兴趣和关心

即使是大学老师，如果在他们退休之后不继续学习的话，也会变得不具备出书的水平。

在现役时代里，有以大学知识为研究对象的，除此之外的知识一概没有的人，那么他们在退休之后，学习生涯也宣告结束了。

如果能把兴趣和爱好的范围再扩大一点，即使是退休了，也还是能够继续出书、做演讲，甚至上电视的，这种人就是在继续学习的人。

但是这种类型的人却很少，一百个里面或许也只有一个。即使是在大学老师中，比例也不是很高，就连是称为自由职业者的人们也并没有多少人能做到这一点。

比如作家，在还没多少名气之前可能过着和大学老师相似的生活，但是看那些作家写的书，就能知道那个人到底是在玩还是在学习。

不管怎么说，经常对新事物保持兴趣，不断从事新的领域这一点尤为重要。

比如说我，在重新学习英语之后，对国际政治问题产生了很大的兴趣。像这样，在学习英语的同时，也将兴趣和所关心的事物扩大了范围。

像学习英语一样，将过去所学到的知识再复习一次会更好。比如，可以重读一遍日本史和世界史等。

生涯现役人生

（日）大川隆法

我的学习方法是“涂墙”方式

我的学习理念并不是要一蹴而成的，而是循序渐进就犹如粉刷墙面一样的方式。循序渐进地学习，从某种程度上来说会积蓄更多的力量，更容易让人的精神集中，最后达到忘我的境界。最开始时不要操之过急，一点一点地习惯就可以了。

我去很多国家做过考察，而在去那个国家之前，我都会事先看两三本该国家的语言入门书籍。这并不意味着完成了该国家的语言学习，以后如果还有机会再到那个国家去，也算是学有所用。现在我已经会很多国家的语言了。

这样，随着对那个国家语言的熟悉，慢慢地就会对国际形势，也就是那个国家的政治、经济等新闻报道产生兴趣。

像这样，不断扩大自己所关心的事物，然后不断地深入学习就是我的学习方法。经常学习新事物，头脑就不会变得陈旧。

听年轻人讲话，研究他们的想法，就不会造成痴呆

我常说：“去和年轻人做朋友。你们要经常去倾听比自己小 30 岁左右朋友的话。”像我这个年龄段，比我年轻 30 岁也就是 20 岁左右的年轻人，而事实上，我也经常听取比我小 40 岁的年轻人的意见。

我的孩子中有比我小 40 岁的，他们会经常给我提意见，我认为那挺有趣的。如果他们的意见有理，我就会采纳。

年轻人如果认同我们的话，就会给我们提很多意见。所以我常听比我小三四十岁的年轻人的观点，并以此为参考吸取他们的意见。

我也经常给年轻人提建议，也经常接纳年轻人有道理有想法的意见，像这样就不会得老年痴呆。研究年轻人的所作所为，就会发现他们和我们之间的代沟。

判断什么是正确的很难，但是，一般来说，老年人最终都会败给年轻人，因为年轻人更有取得胜利的可能。

生涯现役人生

（日）大川隆法

我经常会从年轻人在想些什么，持有什么样的判断，在年轻人之间流行些什么中发现些有趣的东西。

4 为了安享晚年

享受将努力习惯化

无论是身体的健康还是大脑的锻炼，总结为一点就是将努力习惯化。享受每一天、每一点的努力，最后都将会化作无比的喜悦。

比如，我现在经常归纳《英语熟语集》。光是英语测试题就已经出了近五十本书，这也仅是近两年做的事情。

而且，在我书桌上还堆积着很多册没有印刷的《英语熟语集》原稿。由于我每天都如机械般地工作，而印刷速度又没跟上，所以就积累了很多原稿出来。

出英语测试题并不是我的主业，虽然我只是每天抽出一点空余的时间来出题，但尽管如此，也积累了如此多的量。

哪怕是专业的英语学者、英语研究者，或是预备学校的老师们，在两年的时间内完成四十册或者五十册与英语相关的书籍，也是一件不可能的事情。

这就是能力的差距，更进一步说就是，是否能够将努力习惯化的最好的证明，而我就彻底贯彻了这一点。像这样，如果能够将努力习惯化，即使上了年纪，也能够继续学习。

用一些方式表现所学的东西

最先开始的时候，意志尤为重要，但是一直靠意志力也是不行的，必须将努力习惯化。如果想要获得一定的成果，我觉得，还是需要通过某个途径将其表现出来为好。

并不是说，将学到的知识全部累积在头脑里就是最好的，而是要通过某种途径将其表现出来。写一本自己想写的书也好，向编辑社投稿自己对杂志和新闻的意见也好，或者和其他人交谈等都可以。像这样将自己所学的东西表现出来，与此同时我们还能因为得到外在的反馈而活化我们的大脑。

当我们对外陈述自己观点的时候，年轻人有可能会觉得那种思考方式有点落伍了，然后自己就会因此而感到愤慨，从而就越想要学习新的知识。

因此，不要太过自以为是，对年轻人所关心的事物要保持兴趣，同时也要保留自己的本心。当然，也许年轻人的头脑更为灵活，但是老年人凭借着继续努力下去的习惯，也是可以赢过年轻人的。上了年纪的人因为长年的工作，早已学会了将努力持续化。

以上所说内容总结出来就是，树立伟大的生涯目标，并努力将其实现。锻炼身体和大脑是极其重要的。

保持愉悦的心境，发现事物美好的一面

保持愉悦的心境尤为重要。人生会遇到各种各样的事，请大家努力保持愉悦的心境。

我们要保持积极的心情，善于发现事物美好的一面。如果能够拥有这样的想法，就能够安享晚年。太过愚痴的人就会被朋友、同事、孩子们以及其他年轻人讨厌。

因此，我们要尽可能地看到他人的长处和美好的一面，努力保持愉快的心情。我认为这就是不被孤独所追赶，加深与人交际的关键。

本章针对“生涯现役的心态”做了总结性的描述，如果对大家能有所参考真是万幸。

第4章

控制压力的窍门

1 人际关系引发的压力

2 经济问题引发的压力

3 如何消除对晚年生活的忧虑

4 将心灵从压力中释放的关键

1 人际关系引发的压力

现代人的烦恼，多数源于压力

本章的标题是“控制压力的窍门”，而对于这类话题的研究和探讨，相信，一定会成为所有现代人的福音吧。要知道，现代人拥有的烦恼不仅数不胜数，而且说法也各有不一。但是，从某种意义上来说，压力也正是一切烦恼的源头。

因此，很多读者可能会认为，以现代人的智慧和领悟，只要能够熟练地掌握住控制压力的秘诀，这样就足够了，没必要再去学更多的东西。

但事实上并非如此。本章内容，说到底最多也只能算得上是个“皮毛”而已，并且很多东西不是靠三言两语就能简简单单领悟的。因为，在这个背景之下，还有着源远流长的历史。

还记得有一次我在千叶县的松户支部精舍，在以本章内容为基础进行讲课之前，先以“你为何而烦恼？因何而感到压力？”为主题进行了一次问卷调查。

从结果来看，困扰人们的烦恼主要还是围绕着“人际关系问题”和“金钱经济问题”这两大类。依次下去还有“对晚年的担忧问题”也占到了一定的比例。根据这个调查所显示出来的结果，想必，就算将基数调整为整个世界的话，也不会有太大的变化吧。

虽然大多都是一些很基本的问题，但是很多人还是会为这些问题而感到困扰和迷惘。所以，我想通过本章来针对这些问题进行详细地解答。

首先，通过问卷调查显示，困扰最多人的烦恼都是源自于人际关系引发出来的一系列的压力和问题。尤其是在公司中和上司、前辈，以及组织内部人员之间，因为人际关系而产生的压力居多。

一般的公司，都会以“进公司第几年”“男的还是女的”“拥有什么样的专业技能”“学历、经验及过去的成果”等标尺对员工进行衡量和分类，然后再逐一将他们分配到各个不同的部门中去。而在这些过程中，问题就会陆陆续续地出现。

公司时代，和某位前辈之间发生的纠葛

虽然只有短短的六年，但我也有过在公司工作的经历，那时，也曾感受到了相当沉重的压力。但是，如今回想起来，20 多岁时的压力，现在一个都不复存在了。当时，令我感受到压力和烦恼的事情，现在已经全部都消失了。

这意味着，我并没有停留在同一个地方。

因为，我一直尝试着各种各样的挑战，感觉压力以及烦恼的东西，仿佛像小溪流水一般流走，渐渐的越来越微不足道。

当时，我所就职的公司中，有很多人和我一样毕业于东京大学，其中的一位前辈可以说是我所有压力的源泉。但是，现在回头来看，正是因为那位前辈给予我的磨砺，才造就了如今的我，对于这一点，我是发自内心的感激不尽。

那位前辈也是我大学的前辈，经常给予我严厉的“爱的鞭笞”。

正因如此，我才能够得到许许多多的领悟，实在令我受益良多。

但是在很大程度上，那位前辈也出于消除自身压力的原因，对所有人都一视同仁，我认为这里稍微出了一点问题。可能他会觉得，因为是同一所大学毕业的后辈，所以即使稍微不讲理一点，对方也会忍耐着顺从吧。

比如说，那时候我在公司帮忙聘用新人的时候，录用了很多优秀的后辈。但是，事后我经常会被那位前辈训斥说：“你真是个白痴。”

他告诉我：“录用那么多优秀的后辈，之后会很棘手。公司里在我看来，年轻 5 岁到 10 岁左右的人，全都会慢慢变成强力的竞争对手。”

当时我听完这话后完全惊呆了。我只是单纯地想为公司的发展录用优秀的新人，而作为前辈的我就会拼命地劝说大家留下来，却完全没有去考虑那样的问题。

我最为擅长的，就是将其他公司已经内定的人才挖过来。只要我稍加劝说，那些即使已经收到很多大公司录用通知书的人，大部分都会选择到我们公司来就业。

当时，我在公司有这样的职责，常常劝说那些优秀的人才选择我们公司。虽然公司对于这个职位的报酬并不多，我也只是出于个人喜好，常常去帮忙罢了。

但是，我清楚地记得，那位前辈告诉我说：“原来如此，头脑聪明的人就是不一样，连这样的事情都考虑到了。”

关于我在公司时代经历的事情，基本上我所叙述的都是积极向上的一面，而关于黑暗面几乎没有提及过，因为，一旦提及黑暗的部分，就会容易令人铭记于心，而且当时一起共事的人们大多数尚且在世，所以我尽可能不去提及。

令自己飞跃的因素潜藏在批评之中

但是，当时成为我压力之源的人，或者是深深给予我伤害的人，以及那些复杂的人际关系，之后，大部分都成为了我灵魂的养分。

至今为止，已经没有几个人会给到我正面的批评了。但曾经的我，在大多数情况下都会被毫不留情地抨击，当然，在这些过程中也会让我体悟到很多、学到很多。

顺便一提，如果现在有人想要正面批评我的话，想必是需要鼓起相当大的勇气。即使对于一国首相来说，也并不是一件容易的事情吧。

比如说，首相发表了“看到大川隆法的脸就不愉快”之类的言论并且登上了报纸的话，相信，第二天一大早，无论是首相宅邸还是报社，都会接到许多抗议电话，事态也会变得非常严重。即便我回应说：“实在如您所说”，大家估计也是无法原谅的吧。

相信各位读者也会因为人际关系问题而感到烦恼，不过，想请各位明白一个道理，他人的批评不可能全部都是错的。

特别是在对于自己的批评之中，肯定潜藏着能够令自己变得更加美好的胚芽。其关键是正确地吸取这个批评，并以此为基本来更好地完善自己。

即使给予你批评的人并没有多么优秀，但他的批评也可能会给你带来帮助。

如果抱有“除了比自己优秀的人，否则都没资格批评我”这样的想法的话，民主主义就无法成立。所谓的民主主义，就是并非特别优秀的人，在选举中决定那些十分优秀的人是入选还是落榜的制度。

也就是说，即使是普通人，从宏观角度来看，也能够看清相对优秀的人身上的缺点、短处，或者是失败。虽然大多数情况下，他们对于自身情况并不清楚，但是正所谓旁观者清，这就是民主主义的前提。

因此，在民主主义社会中，地位越高的人，越是需要倾听来自于不同人群对于自己的批评。当地位越来越高，在普通人身上可以被原谅的问题，也会变得难以被原谅。即使只有少许过失，也会受到批判。

虽然这是一件非常令人受伤的事情，但在某种意义上，也有着高处不胜寒的味道。这一点必须明确在心。即使是曾经不被当作问题的问题，也会随着你身份地位的上升而变成容易受到批判的问题。

比如，作为一个部下所不会被批判的问题，当你变成领导者后就变得不一样了。特别是女性，如果处在一个领导者的位置上，本来作为一个女性所不希望被指责的问题，都会接踵而来。

所谓的领导者，就是身陷于这样的一个处境之中。随着地位的上升，必然要接受来自周围各种各样的人的不满以及批评。

遭到“批判之箭”也不要因此而过于受伤

在我身上，也有几件亲历之后所感悟的事情。

其中之一，对于生性纯粹的人来说尤为重要。由于这种人通常较为单纯，对于别人的话会用心倾听，所以常常会深受打击。换而言之，这类人自身能努力做到不说他人坏话，并将这一戒律作为本能来遵守，因此反而会对来自他人的批判或攻击处于毫无防备的状态，不仅容易深受打击，还存在着长期留下阴影的可能性。

我年轻时，也曾是这样的人。然而，随着年龄的增长，重新看待事物的话就会觉得，深受打击并长年活在阴影下，这本身就是一种罪孽。

对方并未深入思考，只是在当时的情况以及氛围之下就脱口而出了，这种情况也不在少数。如果因此十年二十年都耿耿于怀的话，实在是不应该。

大多数情况下，对方也并非想着让你痛苦十年二十年抑或是让你痛苦一辈子。当然，偶尔也可能存在着这样的情况。类似于想着“让这家伙一辈子受诅咒”而瞄准时机有的放矢，这种情况或许一辈子也就可能出现个一两次。在日常生活中，这样的人还是为数不多的。

大多数情况下，你所接触到的人都并非圣贤。即使难以做到宠辱不惊，也必须拥有一觉醒来就忘却的能力。这样的人并不在少数。

比如，受到批评的时候，作为领导者难免会感觉苦闷。然而在这些批评之中，也有任性而言的情况发生。也就是说，对于那些无法随心所欲的事情不能释怀，这种情绪转化为任性，变为对上司的批评。

因此，对于他人的批评不能太较真。虽然也不可以无视他人的批评，但是太较真也万万不可。这是我在年轻的时候所得到的教训之一。

尤其是对于性格纯粹的人来说，更是非常容易受伤，所以必须具备应有的坚强。

在生物界中存在着如同鲶鱼和鳗鱼一般体表没有鳞片的生物。另外，既有体表有鳞片的鱼类，也有类似龟类一样带有甲壳的生物，它们的自我防御等级也是千差万别。

所以说，请各位也思考一下，应该以何种等级的防御系统来接受他人的批判比较好。

以我来说的话，遇到根本思维方式有问题或者企图陷他人于不幸的情况，虽然也会受到打击，但是已经不会为一般的批评而感到郁郁寡欢了。这是因为，在我的内心中，对于烦恼的抵御程度已经有所提升。如今的我，不会再为鸡毛蒜皮的小事而感到烦恼。

一觉醒来就忘记的胆魄

然而，曾经的我并非如此。

学生时代的我，每次公布成绩的时候，即使是看见心仪的女孩名次在我之前也会觉得非常受伤。食不下咽，错过晚饭等情况也是经常发生的。现在回想起来，实在是愚蠢的事情。

现在的我认为，遭遇这种情况的时候更应该饱餐一顿发愤图强，这才是积极的态度。仅仅因为心仪的女孩名次在我之前就深受打击茶饭不思这种事情，果然还是太过纯情。

如果每天重复这样的事情，也会令他人非常困扰吧。这样的行为，将不会再有人孜孜不倦地努力。

想着“可能会伤害其他人，所以不能用功过头”“升学考试太优秀的话，其他人会受伤，稍微低调一点”之类的话，学习本身并不应该是这样的存在。

学生时代正是大家相互切磋探讨的好时光。考试中虽有胜败，但那对于人生来说也不过是游戏的一种，是锻炼自我的机会。

因此，对于结果不应该耿耿于怀。

另一方面，即使伤害了你的人感觉到“说错话了”“伤害到别人了”，这也是没办法用道歉来弥补的事情。

偶尔也会出现道歉的好时机，但是一不小心错失了这个时机的话，就再也没有机会说出抱歉的话了。也就是说，你受伤的样子，也会令对方感到十分自责。

拥有一觉醒来就忘记这样的胆魄，果然是十分重要的。内心想着努力变成那样吧，就会渐渐成为所想的那类人。

没有鳞片的身躯，连水都阻挡不了。所以，首先要为自己装备普通鱼的鳞片，然后再升级到仿佛南美古代鱼一般厚厚的鳞片，最后再强化到乌龟一般的“甲壳”来保护自己。

如果自身抱有远大的目标，并决心必须朝着目标不断前进，拘泥于小事或者郁郁寡欢都会带来消极影响。这一点必须明确。

“烦恼的标度”随着立场的上升而上升

拘泥于小事，为之而受伤，并且长时间耿耿于怀，这种人在某种意义上可以被理解为是闲人。或许这样一说会更加令人受伤，但事实就是如此。能够为了别人所说的话而烦恼几年甚至几十年的人，这件事情本身就是游手好闲的证明。忙碌的人，没有时间为这样的小事情烦恼。

比如，一名公司职员因为工作而受到上司的责备，我想他可能会闷闷不乐郁郁寡欢。

但是，在这样不景气的情况下，在雇佣了几千几万人的经营者身上，这样的情况是不会发生的。经营者们烦恼着“如果自己的公司倒闭了，几千甚至几万的员工都可能会露宿街头”，这和“被谁谁谁说了坏话”是完全不同等级的东西。

即使公司危在旦夕，公司大量的员工对此没有察觉，而经营者正是能够洞察公司危机的存在。

这种情况，曾在 2010 年 1 月 31 日发生过。恰巧那个时候，某航空公司申请了公司福利保障法。这正是因为同年的一月末，已经看到了将来会发生资金短缺的危机。

资金短缺就意味着公司破产。出租的飞机将被抵押、飞机燃油将供给不足、员工的工资将无法支付等事态都迫在眉睫。

这个航空公司如果不申请社会援助，就会引起资金短缺的危机，所以才如此迫切地申请了公司福利保障。

这种情况下，经营团队是非常辛苦的。暂且不论自己是否要辞职，大约五万人的员工中，三分之一的人都将面临失业危机。当时经营团队的人员，想必都夜不能寐吧。

诸如此类的案例多不胜数。立场上升以后，即使被他人批评或指责，也不可能有时间耿耿于怀。烦恼的标度变大，就会为“大部分人何去何从”而烦恼。

只要这样一想，就一定能明白，现在我所烦恼的事情和高层的烦恼比起来，简直微不足道。

当然，我并不是说要无视他人的批评。如果他人的批评在某种程度上是正确的，那应该当作一个自我提升的机会来好好把握。这才是最明智的做法。

当别人批评对了的时候，接受这个批评，并且尝试着自我检讨是否能让自己得到提高。这是其中一点。

另一点是，面对批评，不要过度受伤，更不要长期耿耿于怀。长时间耿耿于怀不仅仅是一桩罪孽，更加是闲人的证明。如果思考更加积极的事情，就无法忍受为这样的事情长时间烦恼。

百分之九十九的人，都会为了鸡毛蒜皮不足挂齿的事情而烦恼苦闷，甚至引起口舌之争。

家庭琐事，职场中的些许误会，他人的只言片语，人类就是会被这些东西伤害的动物。

“现在我所烦恼的事情都是微不足道的”，如果能够认清这一点，就不会为小事耿耿于怀了。就好比需要扔进垃圾箱的东西都必须扔掉，绝对不能当作宝贝一般放在身上。

也许烦恼中的百分之一并非微不足道的小事，关于那些，必须深思熟虑。但是百分之九十九都是无须令你费心的。我想向大家说明的也正是这一点。

2 经济问题引发的压力

“手头拮据”是人类特有的烦恼

仅仅从精神层面来分析的话会缺乏说服力，在这里，我也想通过其他方面来进行阐述。

根据前面所说的问卷调查表明，除了人际关系压力以外，因为金钱或者经济问题而倍感压力的人也不在少数。

然而，“为了手头资金不足而犯愁”这种经济上的不自由并不是刚刚开始，人类历史的大半部分都是这样的状态。也就是说，“钱多的不知如何是好”这种时代近乎不存在。

人类历史的百分之九十九，都是“每天能够吃饱饭就已经感谢上苍”这样不知道下一顿在哪里的时代。丰衣足食的时代可能只占了微乎其微的一小部分。

话虽如此，但经济问题并不是突然从天上砸下来的陨石，不可能只砸到你一个人，请你看清楚这一点。

归根结底，可以说经济问题是人类特有的烦恼。好好审视一下大自然你就会明白，其他动物们连一块钱的存款都没有。就算狸猫能够将树叶变成钞票，但是基本上动物是不会进行任何经济活动的。

就算狗可以给人类帮忙，作为回报，能够得到一些残羹剩饭，而并不是零花钱。这一点，对于智商稍微高一些，以聪明而著称的乌鸦及海豚也是同样的。所以任何一家公司都不会录用动物。

当然，警犬或者导盲犬等协助人类工作的动物，多少也有一些。但是，获得的钱只会到主人的口袋里，而不会到它们的口袋里去。

诸如此类，无论是在公司上班还是经济活动，动物们都办不到。

另一方面，动物们也不会像人类一样有那么多复杂的疾病。人类由于各种各样的压力，会引发精神方面的疾病。而动物们则无须药物，凭借自然治愈能力和疾病以及伤口战斗。

寒冷、饥饿以及被杀掉的危险等，或许会令它们感到压力，但是不会像人类那样因各种复杂的压力而导致生病。比如说，因为投资失败而引起十二指肠溃疡、股票跌停而引起胃溃疡、升职不顺利而自杀等，在动物们身上是不会发生的。

动物们虽然不能进行任何经济活动，但与此同时，也不会像人类这样罹患各种精神疾病，不会发狂，更不会自杀。

结果就是，内心世界的纠葛反映到现实生活中的例子屡见不鲜。

被贫穷装置了“自我援救精神”的我

我认为无论如何在经济上都没办法得到满足的人，应该占大多数吧。

在我年轻的时候，也曾因为没钱而苦闷。我的家庭并不富裕。

我出生以后，父亲的公司就破产了，从那以后的二十年，一直负债累累。生活也因此而穷困潦倒，经济方面相当拮据，也记得曾经食不果腹。但是，我并不认为这件事情本身是不好的。

在这世界上，可能也有人认为自己贫穷是因为父母经济能力薄弱。证据就是，有钱人的孩子最后还是成为了有钱人，其中也有成为首相的。

确实，金钱的作用不可小觑。

我的父母，当然不能像某个前首相的母亲一样每个月给我 1500 万日元的零花钱，作为生活费每个月能够给我几万日元就已经令我非常感激了。但是，我并不认为贫穷是父母的错，归根结底，壮大自己的经济能力是我自己本身的问题，如果父母能够给予机会，那应该感激不尽的。

说白了，20岁之后的人生，必须要靠自己的学习及努力，凭借自己的才能去创造。

虽然年轻时的我非常贫穷，但是在我看来，自己培养了自我援助的精神是件非常棒的事。因为贫穷，成为了努力的原动力。

我认为，我没有像某首相那样每个月得到1500万日元的零花钱，真的是太好了。如果无须努力就可以得到那么多，也就丧失了努力的原动力了吧。

特别是在大学的时候，无论如何都要努力工作的心情变得无比强烈。虽然当时父亲快到退休之年，但是哥哥没有工作没有收入。

当时就读于京都大学哲学系的哥哥，每天装作哲学家的样子无所事事。我担心，如果作为弟弟的我没有经济能力的话，全家都会撑不下去，因此选择薪水尽可能高的职位就职。

在某种程度上我也放弃了一些什么，但是与此相对的，这对于我也是一个真真切切的机会，多少也使我将逆境当作机会来把握。

对于我来说，这并非最大程度的发挥了自己的作用，而是选择最大程度的运用机遇努力就职，但周围的人却不停地泼冷水。

虽然我在公司就职的时间比较短，却教会了我领导者的才能，给了我体验领导者入门必修课的机会。公司方面，大概也没有想到我会在掌握领导者所需的才能后辞职并独立门户吧。

当时我所就职的商社，一旦有新人入职，一般都是从事钢铁以及公寓的开发，从加利福尼亚进口橙子等。同一件工作要让其反复十年左右，因此，从一名普通职员开始，直到把握公司整体情况，往往要花上几十年的时间。

然而，我和一般人的情况稍有差异。公司从最初就打算让我身担要职，所以每年都会有调动，也是因为这个缘故，让我在短短的几年内吸收了许许多多的东西。

正是由于父母贫穷，我工作的动力也从未怠慢，因此而得到这样的机会，让我从心底感激不尽。

大学的时候，也曾想过留校做研究。但因为对未来的出路丝毫看不见希望，不得不选择了薪水尽可能高的方向。但这并不是白白浪费时间。也正因为有了过去的沉淀，现在的我才能够运营出一个成功的团体。

将“有助于他人”放在心头，经济便会好转

钱不会从天上掉下来。在这世上，按照社会常理，只要你做了有用的事情，就会得到相应的经济报酬，这是不可改变的。并且，无论什么职业都是如此。

也就是说，你的收入并不是取决于你自己，而是由你

周围的人们，或者说是客户等所决定的。

比如说，即使在经济不景气的时期，也会有生意兴隆的地方；即使是在同一家公司，也有加薪和不加薪的区别。决定这一切的并非你自己，而是你周围的人们对你做出的判断和决定。

然而，完全没有必要为了存钱而焦急烦躁。只要常常将能够帮到他人的工作放在心上就可以了。

“我们公司的商品以及服务明明已经那么优秀了，居然卖不出去，这实在是太荒唐了”，虽然这样的想法未免过于自信，但是，这恰恰证明了群众的目光是雪亮并且严格的。

另外，“因为不景气，所以倒闭了”这一类借口虽然也不绝于耳，但是在同一条马路或者繁华的大街上，也同时存在着关门倒闭和生意兴隆的商户。有顾客锐减直至倒闭的地方，与此同时就也存在着顾客越来越多的地方。

说起来虽然非常不可思议，但是我认为对于这样的事实也必须以谦虚的心态来面对。

关于经济问题，没有必要盯着某些具体问题深究。只要将有助于社会的工作放在心上，那么无论身处在什么样的岗位上，经济状况都会逐渐好转。然后，目前所就职的公司中，如果没有将自己的才华和能力发挥到极致的人，那么必然会有一片新天地等待着你去开拓。所谓的人世间，就是这么一回事。

你所做的努力，必定被看在眼里。只要你所做的事情对他人有所帮助，那么你也将被委以更加重要的工作，在必要的时候，一定会有人伸出手拉你一把。

虽然总是不停地循环反复，但是关于经济方面的问题，都是一时性的，没有必要为其过度烦恼。只要将对他人有帮助的工作放在心上，那么对于结果，就只需要祈祷，最终必定会降大任于你。如此一来，属于你的道路也将呈现在你面前。

这些年来，我对于“经济繁荣法”和“经营法则”等也做了不少解说。也许就是因为这个，最近那些一直拜读我的作品的读者们，他们所经营的企业，常常在电视节目中作为营业额显著上升的企业被拿出来介绍。

在这种不景气的情况下，有采用低价战略取胜的地方，同时也有采用高附加价值战略取胜的地方。

充分使用我所介绍的“经营法则”，运用其中众多的战略，即使是在经济不景气的情况下，也有很多企业可以顺风而行。

即使是在商业界，如果你能抱着“通过壮大自己的公司，来为完善这个世界尽一份力”的崇高志向。那么，一定能吸引到许多和你拥有相同志向的人们支持。所以，请一定要这样去思考。

3 如何消除对晚年生活的忧虑

我想，在广大读者朋友中，为自己晚年生活而担忧的人必定不占少数。如果被问起，人生中最大的恐惧是什么？想必，就应该是死亡了。

然而，关于死亡的意义以及死后的事情，在我曾经的作品中已经被提起过许多次了。

因此，大家通过学习真理，应该能够跨越对死亡的恐惧。

人生中最令人恐惧的事情就是死亡了，除此之外，一切都微不足道。只要拥有这种想法，我认为就能够跨越所有恐惧。

在各位读者朋友之中，可能存在着想象自己将受尽苦难，认为自己无所依靠，也没有经济保障，到了晚年，说不定会落入非常悲惨的境地吧。会不会无家可归也没有人理睬，会不会患病也得不到治疗而痛苦等死等，但是这样的担忧完全是没有必要的。

带着坚定不移的信仰，祈祷自己好生好死，便会在正确的时机让你的人生有一个好的结束方式。

这样一来，便可以无须担心其他问题就能够往生极乐，从某种意义上来说，只要再有一个葬礼就够了。即使没有丧葬费，也会有人为你的葬礼进行募捐。

所以，无论如何都请你不要过于担心“活得太久会不会有一个悲惨的晚年等着自己”之类的问题。

4 将心灵从压力中释放的关键

意识到自己的人生不可估量

在这个世界上，可能有很多人认为现在的我一无所有，一点财产也没有。但是这种事情是不存在的，无论是哪个人，都拥有很多东西。

比如说，人际关系就是其中一项。正如前面所述的，虽然人际关系成为了一种烦恼，但是能够给予自己帮助的人际关系，不是每一个人都拥有很多吗？

并且，自己的肉体也是值得心存感激的东西。由于现在器官移植非常流行，在一些贫穷的发展中国家，有的父母会将孩子的肾脏、眼睛等，身体的一部分拿去变卖。或者是为了让孩子一辈子乞讨谋生，会故意弄残孩子身体的某一部分。

然而，在像日本或者美国这种富饶的国家中，当有人问“我想买你的双手，需要多少钱？”“一只手一亿日元，两只手两亿日元能卖给我吗？两只脚也顺便卖给我行吗，双手双脚总共四亿日元怎样？”想必没有人会单纯的因为钱而舍弃自己身体的一部分吧。

也就是说，大家的手脚，有着远远超越于此的价值。用自己的双脚行走，用自己的双手去喂饱自己，去工作，这本身就是一件值得心存感激的事情。

另外，如果有人说，“我想买你的右眼，想买你的大脑，多少钱能卖？”你肯定是不愿意变卖的，不管能够得到多少钱，都不会轻易卖掉的。

如果医学更加发达了，说不定有一天“更换大脑”也会成为可以实现的事情。

比如说，考试前流行脑移植，去除大脑中不好的部分，换成聪明的人脑，记忆力会变好。相信，这样的技术肯定会在不久的将来得到实现。

又比如，有父母想着，反正我们的孩子一定生来就不聪明。但是我们有钱，可以将孩子的大脑和书香门第的后代交换。这样的事情并不是完全不可能的。

但是，我认为无论怎样祈求，都不会有人轻易就出卖自己的大脑，因为这是没办法被估价的东西。

总而言之，大家都过着“无法被估价”的生活，同时也拥有着许许多多的东西。

对于生物来说，最不可缺少的是空气，只要呼吸就能够得到。如果有人对你说“请为你这一生所呼吸的氧气支付费用”那就太可怕了。

比如说，国家以没有财政收入为理由，出台“氧气税”之类的税收，那就没办法继续生存下去了。如果有人通知你“请支付你所呼吸的氧气的税金。日本国内的氧气也是属于国家的财产，所以在国内呼吸的氧气，请你缴纳税金”。那么日本国民将无处可逃。

同样的，阳光也是免费的，并不是“沐浴一小时的阳光，请你支付相应的费用”。

无论如何，我都希望你不要忘记，对于人类来说最最重要的东西，都是金钱买不到的。不要只考虑自己，同时也要为他人的幸福而祈祷。

对于人类来说，幸福地生活下去是一种义务，或者说，人类有义务让自己幸福地生活。

所以我们需要祈祷让更多的人们得到幸福，因为这样一来，你才能够得到自己的幸福。如果只想着自己一个人，是没办法得到幸福的。

虽然这是一件不可思议的事情，但为了自己的利益而烦恼的人，是不会得到幸福的。这一点，从客观者的角度看，就会很清楚。

总之，为了自身利益而烦恼，发牢骚，愤世嫉俗，不停地对别人横加指责吹毛求疵，这样的人是不会让你感觉到他很幸福。

诸如此类以自我为中心的生存思考方式，是无法得到幸福的。相反，那些不会为自己过多考虑，努力帮助照顾他人，为他人担心的人，通常过得比大多数人幸福。

总而言之，一直想着消极的事情，以及长时间为自己考虑的人，不会生活得太幸福。

等回过神来，一整天几乎没有时间思考自己的事情。为了公司，为了其他等一切，或者说，为了其他人而度过了自己的一天。可以说这种想法越多，大家幸福度过的时间也就越多。

从事忙碌的工作，利索地解决手头的工作

为了消除压力，适当的休息是必不可少的。

在前面所述的问卷调查中，睡眠和按摩、饱餐一顿、适量饮酒等，作为相应的改善对策已经有所说明。

这些世间通用的方法，我认为一般情况下都是行之有

效的。休息是解压的一种方法，适当的休养生息也是十分重要的。

但还有一点就是，不要让自己因琐事而烦恼。总是在忙碌，总是让自己有该做的事情，这也是非常重要的一点。

比如说，想着明天有必须要完成的事情，今天就要着手准备。因为只要忙起来，就没有闲暇时间去烦恼多余的事情。因此，保持忙碌的状态也很重要。闲暇时间太多，可能就会让烦恼的事情被放大。

然而，在手头工作堆积太多以至于感到痛苦的情况下，就需要加快判断速度，利索地解决堆积的工作，让手头的工作越来越少，处于随时可以接手新工作的“真空”状态，为自己制造空档期。这可以被视作为是令自己出人头地的方法之一，只要让自己处于这样的状态下，烦恼也会变得越来越少。

人只要同时接手两项以上的工作，基本上就无暇再去顾及其他事情了。所以在这里我想告诉大家的就是，利索地解决工作是非常重要的。

如果将以上所述都付诸于实践，能够让您安心入眠，这将会是我最大的荣幸。

第5章

人际关系向上法

1 看法及感受因人而异

2 努力着眼于他人的长处

3 保持适当的距离去交流

4 改善人际关系的三点

5 拥有“为他人的成功而喝彩”的心灵

1 看法及感受因人而异

人际关系的问题始于对待事物的看法有所差异

在广大读者朋友中，想必有很多人会为了人际关系而烦恼，关于自己的问题，也想要得到最贴切的答案。由于每个人的需求存在差异，所以让我意识到，我的说法必须符合人类普遍的法则。

本章内容中，为了让个别案例成为大众的参考，在这里我想以普遍情况为中心进行讲解。

对于为了人际关系而烦恼的人们，我想最先说明的是关于“对待事物的看法”。也就是说，对待事物的看法以及感受，绝对因人而异，没有谁能够和自己完全相同。然而，这也成为了所有人际关系问题的初始之源。

关于这一点，我想通过一个小故事来说明。

在美国，有一个从事酗酒者戒除酒瘾的工作人员，他在一个研讨会中做了下面这样一个实验。

这位讲师首先准备了两个杯子，一个杯子装有纯水，另一个杯子装入了高浓度酒精。然后，向纯水的杯子里放进去一条蚯蚓，蚯蚓非常健康地爬了出来。接着，拿起这条蚯蚓放入装有酒精的杯子里，蚯蚓不一会儿就死了。

到这里，讲师对酗酒者们说，“诸位从这个实验中我们可以学习到什么？”

显而易见，从这位讲师的立场出发，他想要传达给大家的是，酒精是能够让生物致死的有害物，是一种恐怖的毒药。但是，其中一名患者却回答说，“只要多喝酒，肚子里的虫就会被杀死。”

确实，这样的思考方法也是正确的。因为蚯蚓在酒精中死亡，那么只要喝了酒，肚子里的虫也会死亡。

进行了这个实验的讲师如果听了这名患者的回答，恐怕会认为“简直是胡闹”，而人际关系正是从这里开始发生误会。

认识到各持己见，让自己拥有宽大的包容心

即使对于同样的事情，人们也有着不同的见解。特别是对于难以应付的人群，与其说是自私，倒不如说这是以自我为中心来思考罢了。与这种类型的人维持友好的人际关系，是一件相当困难的事情。

虽然酗酒者的故事在这里会被当作笑话来说，但是这种对于同样的事情，看法却截然不同的人是真实存在的。你必须明白，即使你带着好意与其相处，对方也未必会领你的情。

诸如此类，由于对待事物的看法不同而导致人际关系变幻无常的现象是客观存在于日常生活中的。首先，我希望大家能够理解这一点。

但是，看法因人而异这件事情必须得到认同。你必须要明白，并不是所有人的看法都和你一样。即使是对于同样一件事，也会存在各种各样的观点。能够理解这一点，需要这个人有着宽大的包容力，或者说，对于他人要有宽大的包容力。

可是，太执着于“我的观点就是一切，其他都是错误的”这种思想的话，想要改善人际关系，简直比登天还难。

2 努力着眼于他人的长处

互相学习长处，世上将无恶人

“想在这个世界上生活得更好。想让自己的人生走向趋于美好。”如果你有这样的想法，那么基本上只要努力让自己做到“取其精华”这一点，就可以实现。

有人说，互相学习长处，世上将无恶人。对于能够欣赏自己长处的人，基本上都会让人觉得“他真是个好人”“是个朋友”，就会不由自主地想和对方继续交流。

另一方面，而对总是将自己数落得一文不值的人，怎么都会令人觉得反感、难以融洽相处的吧。即使你觉得他说的也的确都是事实，但潜意识中还是会和这个人越来越疏远。

所以，为了拥有融洽的人际关系，赢得更多的朋友，努力看到别人的长处也是尤为重要的。

如果能够将这一点作为人生的方针，那只要你在内心这样决定，这就绝不是一件不可能的事情。首先必须要为这件事努力去做的决心。能够这样想的话，就一定会变成现实。

虽然一直在重复努力去看见别人的长处这一点，内心就要时刻想着“这个人身上不是也有优点的吗”，尽可能这样去做，因为这真的是一件不容小觑的事情。

在这里，有一个问题希望大家注意。那就是，在学校学习过头的话，会变得心思缜密，任何细小的事情都不会被忽略。如果总带着这种缜密性看问题，就会容易看见他人身上的缺点。也就是说，一旦脑子变得太过聪明，就很容易看穿他人的短处。这里正是矛盾及难点所在。

当然，管理层等站在指导立场上的人，必须要能够看穿他人的弱点及短处，如果完全不看才令人困扰。其实，需要看穿他人的短处，并且能够延伸其长处的人才是优秀的领导者。

对于完全察觉不到他人短处的领导者来说，也会产生相应的困扰，所以绝对不能变成这样的领导者。

但是，由于脑子变得更加聪明，就会完全着眼于他人的短处及弱点，尤其是出现吹毛求疵倾向的话，是很容易被其他人所厌恶的。关于这一点，如果没有人指出来，自己是很难察觉到的。

特别是年轻人，很容易发生这样的情况。心思越是缜密，就越容易看穿他人的短处及弱点，其中，如果学习理科的人头脑越是聪明，就越容易细致入微，然而，和这样的人成为朋友是极其困难的事情。

我认为，对于有这种倾向的人，必须充分理解，即使是自己，也会失败也会出错，这种时候如果有人能够给予谅解将是十分欣慰的事情，这一点对于别人也是一样的。

生涯现役人生

（日）大川隆法

我对人际关系烦恼的经验之谈

关于这一部分，我就先来介绍一下我个人的经历吧。

这件事情，与我公司时代的一个朋友有关。那个朋友和我同样出身于东京大学，由于英文十分优秀，所以他经常会在休息的时候，去光顾一些只用英文交流的咖啡厅。

当时，在东京惠比寿那一带，有一家规定来店的客人只能用英文进行交流的咖啡店。由于价格便宜，并且能够长时间与人进行英语会话，所以他每逢周末都会在那里过得乐不思蜀。

某一天，他邀请我去那家咖啡店看看。虽然我不太想去，但还是被他拉了过去，于是，他向我介绍了他在那里相识的女朋友。两个人已经订下婚约，很快就要举行婚礼。

他向他的女朋友介绍说“这是我的好朋友”，三个人就这样聊了起来，但是中途这个朋友去洗手间的时候，他的未婚妻问了我一个问题。

“你是他的好朋友对吧？在我和他结婚之前，我希望更全面地了解他，所以，请你告诉我他的缺点。关于优点虽然已有听说，但是没有人跟我说过他的缺点。我想如果你们是好朋友的话，应该连同他的缺点都非常清楚吧，所以，请你一定要告诉我。”

我这个人从孩提时代起，就属于“直言不讳”型的人，什么事情都会说得很直白。并且认为，对方既然非常想知道，不说不太合适，说谎就更加不行了，于是就诚实地回答了对方的问题。

“他的缺点呢，首先是别人说话的时候，他常常会中途打断，这个坏毛病一定要纠正。然后，就是稍微缺乏活力，很容易就感觉疲惫想放弃，这样是不行的，还需要一些体力。还有，他的酒品不怎么好，每天晚上都要喝酒。即使以后结了婚，下班途中也可能会去喝酒，还可能会夜不归宿，所以关于喝酒的习惯也有必要纠正一下。”

朋友的未婚妻听了我的回答，一边点头一边说“原来如此，原来如此”。

然而，在我和他们两人分别之后，她似乎对我的朋友说了这样的话，“请不要再把那个人当作好朋友了。和那种人应该绝交才对。明明是你的好朋友，却那样说你的坏话，简直无法原谅。”

我完全没有料到会得到如此的评价，简直让我瞠目结舌了。

对他人缺点直言不讳，会严重影响到人际关系

我对我的朋友说，“她说，想知道你的缺点，所以我才那样说的。”可是朋友却这样回答道：“作为好朋友，在这种情况下，你应该将优点当作缺点来说。”

也许确实应该如此。比如说，关于“酒品不好，每天晚上都要喝酒”这一点，如果换成“他太擅长交际”感觉就不一样了吧。如果谈到“太擅长交际是缺点吗”，也可

以令人感觉可能是因为他这个人很好。

另外，关于“喜欢打断别人的话，喜欢插嘴”这一点，如果换成“他的口才非常好。正是因为英文能力优秀，所以能言善辩”，可能感觉又不一样了吧。

最后，关于“缺乏活力，体力较弱，容易累垮”，也可以说成“因为他高度集中注意力”，采用这样的说法也许就完全不一样了。

由于对方的一句“请告诉我他的缺点”，就让我把认为是缺点的地方完全不加修饰的直言不讳，因此而令我被评价为“不要再和那个人做朋友了”，将朋友的未婚妻激怒到如此地步。关于这件事，回想起来仍旧令我惊心。

总而言之，世间诸事，并不是所有情况下都要坦诚直白，世界上的人际关系，都需要一定缓冲的余地。尤其是对于初次见面，或者是并不十分亲近的人，在说话的时候，必须事先搞清楚对方真正想听到的是什么之后再进行回答。

通过这样的经历，令我深刻地意识到，只理解了对方所说出来的部分是远远不够的。

因为我从小脑筋就转的比较快，一旦有人拜托我说“告诉我我的缺点”“我哪里错了请告诉我”之类的，我就会毫无顾忌地一一指出。

但是，通过那次经历，令我渐渐认识到，如此直言不讳地指出别人身上的不足，这似乎并不是什么值得骄傲的事情。

关于他人的缺点及短处，有时需要适当的装傻。也并不是说佯装不知，而是即使你内心明白并有所察觉，也应该采取委婉含蓄的态度来表达。相反，如果是对方身上的优点及长处，应当毫不吝啬地赞扬对方“这一点实在是太棒了”等，这样一来才会对维系好人际关系有所帮助。

这些都是我循序渐进通过一点一滴地领悟，所参透的事情。

作为年轻人，如果人际关系不顺利，大多数原因都是因为将别人的缺点毫不留情地说出，关于这个问题希望大家有所察觉。

将他人的短处毫不留情地说出来之后，你不仅会为此而后悔，也会产生许多令人烦恼的问题。

像这样，一旦判断能力优秀就能轻易看穿他人的不足，但还是必须要看清楚时机、场合，以及对象。一不小心判断失误的话，就会让你的人际关系出现裂缝，必须要引起注意。这就是我想传达给各位的事情。

为了让自己的人际关系向好的方向发展，一般情况下都要努力做到看见他人的长处。我认为，持续着眼于他人的优点，对于缺点就不会过于在意，以宽容温和的眼光去审视比较好。

对于他人的缺点及弱点，虽然知道比不知道要好，但是，即使你有所察觉，也要努力做到以宽容的胸怀去对待。

夸奖对方要发自内心

但是关于夸奖对方这个问题，存在一个必须经过深思熟虑的地方。那就是，虽然寻找对方的优点并加以赞扬是一件重要的事情，但是如果这份赞美是被利用对方的思想所左右的话，那即便暂时一切顺利，但总有一天，这样的做法会让你的人际关系遭到破裂。

只要赞扬对方，那么一定可以让对方感到愉快，也就能够搞好关系，但是如果带着利用之心而进行赞扬的话，最后一定会自食其果。

简而言之，即使赞扬对方，也不能是虚伪地阿谀奉承。拍马屁为了让对方对自己产生好感，这绝对不是一件正确的事情，我希望各位能够明白这个问题。

像这种出于其他目的的赞美，以及企图利用对方而说出的赞言，最终常常会自食其果，还请各位谨言慎行。

就算刚开始以赞美的方式成功地让对方上了钩，可总有一天对方会察觉到“这个人是另有所图的”或者“只是想利用我才满口好话”，最终只会导致对方开始对你慢慢疏远。所以，你一定要发自内心地去赞扬别人，这会令你觉得“这一点太棒了，这是一个优点呢”。

发自内心的赞美非常重要，千万不可为了利用对方而吹捧过头。如果不能明白这一点并自我约束，那么一定会在人际关系上走入误区，最终吃苦头的还是自己。

如果不是出自内心的话，渐渐地，可能会令对方觉得“刚开始明明只是夸奖那一点，后面的感觉怎么有点不对劲呢，为什么要这样对我！”这之后的发展常常是关系破裂。

所以说，夸奖对方的时候，不要只是表面上的夸奖，应该将发自内心的赞美传达给对方。所以我在这里想要告诉各位的就是，千万不要想着利用对方，这也是改善人际关系的方法之一。

3 保持适当的距离去交流

指出别人的利己主义时需要“委婉”

在本章的开头，就向各位介绍了认为“只要喝酒，不仅腹中的虫会全部被杀死，而且还能够帮肚子消毒”的人，而实际生活中，与人交往时会产生问题的，正是拥有像这名酒精中毒患者一样思维方式的人，也就是所谓的利己主义者。与这一类人的交往是最最困难的，但是很多情况下却又不可避免。

这种类型的人，通常非常固执己见，想要改变他们的想法，可以说极其不容易。另外，这一类人通常又十分傲慢。因此，如果你不想办法让他意识到自己的错误，将很难进一步交流。

当别人指出，你这里做得不对的时候，能够回答说“是吗，我明白了”的人，基本都不会是利己主义者。总是以扭曲的思维方式思考问题的人，才是有利己倾向的人。

即使从正面给予批评，他们也很难会承认自己的错误，所以对于这种人，需要用委婉的方式，努力让他能够自己意识到错误，这一点至关重要。

也就是说，自己意识到自身存在的问题，然后改变想法，这样就不会太往心里去。因此，引导他自己去察觉，使其产生“啊，如果这样做的话，可能会不大妙啊”的想法。这样一来，谁都不会觉得受伤。

但是，如果毫不留情地说教，让他像个小孩子一样低头认错说“对不起，这种错误不会再犯第二次”，那么往后的人际关系通常就会变得十分尴尬。

特别是对于自尊心强的人，要让他做到这一点的话，可能会导致其走向极端。那时，请尽可能采取比较委婉的方法给予对方暗示，让他自己发觉自身的错误，这样的做法才是最明智的。

虽然这是一个充满智慧的处世方式，但实际上，和自尊心强烈的人交流就必须采用这种方式。

保留自己的想法，不轻易动摇

另外，自私的人并不仅仅是以扭曲的思维方式来对待问题，他们经常喜欢将自己的想法强加于人。

比如前面所提到的酒精中毒患者，恐怕他就会认为“今天讲师想说的无非就是必须每天喝酒，否则就无法给肠胃消毒”，甚至接下来他可能会对周围的人说，想杀死肠胃中的幽门螺旋杆菌，就必须每天喝酒。

像这样习惯将自己的一些想法强加于人，并且不听他人想法的人，果然我们还是得学着如何与他们保留一定的距离进行交流吧。

所谓的人际关系，是独立的人们在保留一定的距离感的基础上进行交流的状态，这种情况下一般都是比较顺利的。反过来也就是说，在一方完全依赖于另一方或者一方总是凌驾于另一方之上的情况下，人际关系将难以长久。

用相声来打个比方，即使存在“捧哏”和“逗哏”这种关系也无伤大雅。一方不停地讲段子，另一方总是被当作话茬的这种相声，欣赏起来十分有趣，但是在现实生活中，这样的人际关系却难以长久。

然而，也有“他人的想法被强加到自己身上，太痛苦了”的事发生，在这种情况下，就必须懂得自我保护。

也就是说，虽然到目前为止都不会放在心上，但是再深入下去就属于个人领域了，是我的“自治区”，这里作为我个人的观点是不会被改变的，在这一范围内，无论如何都不能被侵犯。而在这一范围之外，随意交流意见也无妨。

对于每一个独立自主的人，都是在保留一定距离的基础上进行人际交往的，这才是使人际关系长久的秘诀所在。因此，先观察对方对于自己的观点固执到什么程度，再来决定如何与此人相处才是至关重要的。

把握“好意”的分寸

乡村人为人亲切，常常刚见面就会热情的招呼“您请随意”。然而，若因此认为他们“真心欢迎”而一切顺着招待，那么背地里，被评价为“那个人真不客气”的情况却时有发生。

在这个问题上不知道把握分寸的人，在听到“您请随意”后，就坦然接受，连声道谢。

比如说，人家劝说“吃了饭再走吧”，就毫不客气的“啊，那就吃个饭吧”；或者，主人又热情地说“晚饭也一起吃吧”，依旧不知道客气地说“啊，那就吃了晚饭再走吧”，便当真留下来吃饭了。但是，在这之后很可能会被议论说“这人居然真的吃了两顿再走，真是够厚脸皮的”。

因此，在人际关系上，一定要学会把握分寸。

在京都，主人如果不希望客人久留，便会说“要不要来一碗茶泡饭”。对于不知道这种说话方法的人，或许就会很理所当然地回答说：“那么，我就不客气了。”继而当真留下来吃饭。然而通常说出这句话的时候，也就意味着主人想对客人说“您请回吧”。因为京都人的说话方式就是这么委婉。不知道这一点的人会认为“京都的茶泡饭似乎非常美味啊”，虽然愚蠢却真的留下享用了。

由于京都人性情优雅，即使你真的留下来吃了茶泡饭也不会有任何不满。或许他们还会说“这个茶泡饭很美味吧”或者“这个茶可是宇治茶喔”之类的话，但是，请不要把这些当作随便听听的闲聊。

如果有人对你说“要不要来一碗茶泡饭”之类的话，请理解为“您该回去了”，这时就不能再打扰下去，而应该回答说“不用了，我差不多应该告辞了”。

要把握这里的分寸，是极其不容易的。

4 改善人际关系的三点

请理解，对待事物的看法因人而异

至此，我们来回顾一下前面所说的内容。

开头就说明了，作为常识你必须明白，对待事物的看法是因人而异的。那是因为，如果你认为所有人的观点都和我是一样的，就很容易引起人际关系上的摩擦。并且，倘若能理解并不是所有人都和我的观点相同，便会让你慢慢地拥有宽大的包容心。

努力让自己着眼于对方的长处

第二个要说明的是，不要光看别人的缺点和不足，而是要努力让自己尽可能地看到他人的优点和长处。这一点只要你决定这么做，就可以慢慢地成为这样的人。

当然，如果站在用人的立场，或者是引领他人的角度上，对于他人的短处和弱点全然不知会很麻烦。在这种情况下，对他人有一个深入地了解会比较好。只是，在提醒他人的缺点时，要注意委婉地给予提示，引导他人主动意识到自己的问题，这种表达方式会比较好。

让对方自己察觉到的话，对谁都有好处。但是，如果严厉训斥对方，强硬地让对方改正自己的短处及弱点，对方可能会让你们的人际关系难以长久地维持下去。

因此，在大部分情况下，请记住发挥他人的长处，从各种各样的人身上发现他们的优点，无论对于自身还是他人，都将获益匪浅。

进一步说，一旦对许多人做出夸奖，那么那些认为“我被表扬了”的人们，他们的人际关系也可能会出现难以调节，甚至吵架的情况。

比如说，如果你认为关于这件事情，应该配合 A 的思考方式来进行，那么就应该充分发挥 A 的作用。归根结底也就是说，根据具体事件来判断需要哪个人发挥作用，这样一来事情的进展会比较顺利。

互相认可彼此的个性之处，保留一定的距离

然后，第三点就是，人类是有个性的存在。因此，如果不能互相认可彼此的个性，人际关系便难以长久。在互相认可彼此个性的前提下，保留一定的距离来处理人际关系是一个关键。

到这里，所说的都是一般情况下的人际关系。

5 拥有“为他人的成功而喝彩”的心灵

被比作“铁桶中的螃蟹”的日本人

接下来，我们来谈谈日本特有的人际关系问题。

虽然日本进入平等社会的时间不长，但是这所谓的平等社会的根本，果然还是以农村为中心的思维方式。

在农村，与周围格格不入的人，或者是特别出众的人，并不十分受欢迎。基本上，与周围的人采取大致相同的生活方式的人，人际关系上会比较顺利。

这就是日本社会的真实形态。因此，日本人经常被比作“铁桶中的螃蟹”。

如果在一只铁桶中放进几只螃蟹，螃蟹们当然会尝试着逃出去。但是，如果其中有一只螃蟹即将逃出去的话，别的螃蟹就会用钳子将它拉下来。过了一会儿，另一只螃蟹也即将逃脱成功的话，又会有其他螃蟹伸出钳子将它拉回来。

就像这样，想着既然自己没办法走出去，那也不能让其他人走出去，从而不停地拖别人的后腿，最终将落得谁都没法走出去的情况。即使明明只要互相帮助、协作就可以走出去，也不会那么做。这就是日本人的特征。

在以农耕为基础的社会中，丰收也好，歉收也好，都是大自然的恩惠，不被人为的能力及努力所控制，这种想法持续了很长一段时间。因此，如果只有一个人逞能，成为从“铁桶”中企图出逃的“螃蟹”，是不会得到大家认可，一定会被拖回来的。这就是农村社会的真实状态。

在日本社会的平等观念中，从某种意义上来说，也可以将这种情况理解为是嫉妒心作祟，这种嫉妒心就好比黏稠的胶状物已经凝固成型。也就是说，人与人之间一旦达成共识，就会认为与众不同的人不可原谅，但是，世间万物千变万化，即使是乡村，我认为也不可能永远保持同一种文化认知。所以不能一味地想把即将从“铁桶”中逃脱的“螃蟹”拖回来。

另外，如果是自己爬到了“铁桶”的边缘，也请不要忘记拉一把下面的“螃蟹”。像这样，按顺序一个一个拉出来的话，大家都可以从“铁桶”中逃出来，这是非常理想的思维方式。

摒弃拖他人的后腿，采取将别人按顺序拉上来的思维方式，关系到是否拥有“为他人的成功而喝彩”的心灵。

虽然这只是一个单纯的比喻，但是，我仍记得在我尚且年少之时遇到这句话时茅塞顿开的感觉。

实际上，“铁桶中的螃蟹”这个说法，是用来比喻住在夏威夷的日籍人士，但这种倾向，似乎在巴西的日籍人士身上也有体现。

总的来说，日本人即使住在其他国家，也会产生这种“螃蟹拖后腿”的情况。日本人的“遗传因子”是个很不得了的东西。即使身处异国，外语流利的日本人也依旧不能原谅“从铁桶中逃走的螃蟹”，依旧要拖其后腿。

我看到的那本书上，清清楚楚地写着“住在海外的日本人，有这样的倾向”，至今依然记得当时的我想着“啊，原来是这样，在日本人身上，竟然有这样的倾向啊”。

祝福他人，同时也将自己带上了成功之路

像前面所说的，努力培养出“互助互赢”的思想共识，整体水平将会得到一个提升，成功者也会越来越多。

接下来，关于日本特有的人际关系问题，我想更进一步的来说明一下。

螃蟹拖后腿的状况，恐怕是日本式平等社会的原形吧。不过，在以后的流动性社会中，请尽可能地带着祝福的心态，肯定他人的成功，会对自己很有好处。

这样一来，被祝福的人或许也会在你需要时对你伸出

援助之手。或者说，如果是从乡下走出来赢得成功的人，对于故乡，总想给予一些回报。

如果，对于成功人士你会心怀嫉妒的话，那么请你尽可能地改善这一点。

这里的内容可以说，是以面对全体日本人而言的。“做出‘螃蟹拖后腿’的行为，不把成功者拉下来誓不罢休”的情况，从村庄社会到政治中心，在日本的国土范围内比比皆是。

日本就是这样，有一种不追求杰出人物的风土人情。

然而，如果真的想让国家走向富强，拥有一颗祝福之心果然还是必不可少的。我认为现在的日本人身上，缺少的正是这一点。

所以，我尽可能地希望大家能明白，诚心地去祝福一个成功人士，这样的事情也会让自己的思想和行为都得到一定的升华，人际关系也会随之得到改善。

上述内容，就是促进人际关系向上的法则。

第6章

祝福之心

1 总是说坏话的人是无法获得幸福的

2 攀比是不幸的根源

3 夫妇以及亲子之间也需要“祝福之心”

4 带着祝福之心，去解决人生问题

1 总是说坏话的人是无法获得幸福的

与我的领悟密不可分的是“祝福之心”

本章将围绕“祝福之心”来进行叙述。这个主题，在我的领悟中，与年轻时的顿悟有着莫大的渊源。

所谓祝福，就是为他人的幸福而祝愿祈祷，但在这样的说法中，稍微带有一些基督教的影响。虽然也可以用佛教中的“赞美之心（极力称赞）”来替代这种说法，但因为祝福是较为普遍的说法，在这里我就使用这个词。

这个词，是一个对于我来说至关重要的词。

年轻时的我非常敏感，硬要形容的话，就好像拥有诗人一般的心态，对于语言十分敏锐且容易受伤。另外，当他人感到受伤时，我轻易就能察觉，因此，常常会为许多事情而烦恼痛苦。

祝福之心，是那时的我所邂逅的词语之一。

竞争带给“社会”以及“个人”的东西

正如各位所看到的，当今社会已经成为一个相当残酷的竞争社会。

从宏观角度来看，竞争本身是很多人谋求进步，并引领其获得幸福的基本。

因此，学习和运动，工作和报酬等，从各方面来说，这是大多数人都生活在竞争社会中最有效的证明。对于“竞争”这件事情本身，我认为应当要给予肯定的态度。如果没有了竞争，那么这个社会就很容易堕落，衰退，甚至连人类的灵魂也无法得到升华。

这样的竞争社会，从整体上来看，能够激发出大部分人的力量，并不是一件坏事。

然而，对于个别人而言，只要生活在竞争社会中，总是会受伤，饱尝挫折，惶惶不安，陷入不幸等，他们会认为自己没办法得到救赎。这或许就是现实吧。

无论大人还是孩子，都会被置身于无休止的竞争中。

其结果就是，社会整体的进步速度远远超前于先辈们，整体幸福度有所提升，关于这一点，我认为从宏观上是应该得到肯定的。

但是，观察个别人的话，我认为未必能说这样的现状是好的。

电视对于“恶言相向”风潮的影响不容小觑

特别是在当今社会中，有一种被某些特定人士的发言而推上“断头台”的现象发生。电视节目对于这一现象的影响也不容小觑。

比如说，拿现在的当红艺人在电视节目中的谈话内容来说，只要稍微听一听，就会发现其中大部分人将针对他人的坏话，进行批判以及嘲讽，当作笑料拿来娱乐。现在社会中，这种现象仿佛已经成为了一种主流。即使艺人是不对的，其基本模式，大体上也并无差异，以“举出某个特定人物的名字，对其进行挖苦”这种形式来娱乐大众。

从某种意义上来说，通过这样的方式，在谈笑中让自己感觉神清气爽，同时也让观众们得到了片刻的放松，我认为这就是社会整体所渴望的一种“解压”吧。

在大众所追求的“面包和把戏”中，把戏大部分情况下都充当着大众的笑柄，通过语言将某个人物放在“台上”，来娱乐大众。

特定的艺人名字虽然不会公开，但是大家通常都能够一看便心知肚明。这样的人，似乎比较容易获得人气及大众的喜爱。

然后，也得到了观看这类节目的孩子们的肯定，并且争相模仿。在学校，肆无忌惮地说朋友坏话，嘲讽对方，用语言互相攻击等行为，来贬低彼此，因为他们认为这是玩笑噱头以及幽默。这种风潮，正在大肆蔓延。

因此，那些从不说坏话、谈吐礼貌优雅的孩子，被认为是“异类”，成为其他孩子的攻击对象，饱受中伤与欺凌。在这种情况下，为了保护自己，对于他人尖酸刻薄的话语，就必须用更加尖刻的话来迎战。

此外，这并不仅限于朋友之间，即使是师生之间，也运用着同样的原理。现在，恶搞老师、上课捣乱、扰乱整个班级秩序的情况比比皆是，其中绝大多数都是源于言行举止的暴乱。

然而，这种现象竟然被认为是“好事”“炫酷”，已然成为了一种怪异的趋势，想要颠覆这种趋势本身就是一件相当困难的事情。

报纸，以及在某些程度上比较正经的电视节目等，即使言论稍显强硬，也都是一些恶言相向的论调占主流。

但是，我认为这种现象也起到了一定的作用。“将坑蒙拐骗图谋不轨的人逼到末路”“驱逐犯罪，追究不法行为”从这种意义上来看，也体现了其正义的一面。并且，这也关系到近代民主主义的起源。打倒苛政暴政的君主帝王，在开拓民主主义起点的时候，也有对于他们的批判。所以，我认为并不能全面否定批判，正确的批判是不可缺少的。

然而，将这一点作为基本原理，并让“批判主义”不断蔓延，我并不能表示赞同。

恶言相向证明了本身的不幸福

相信大家只要稍微留意一下就可以明白，不断说他人坏话的人，至少自己是不幸福的。因为，自身幸福满足的人，是不可能一直对他人吹毛求疵的。因此，我认为总是说他人的坏话，恰恰是证明了自己并不幸福。

一看见别人就满嘴坏话，看见人家一点过失就抓住不放，言语间充斥着眼红嫉妒等，有这些习惯的人，我可以断言，他们一定不幸福。

这种类型的人，因为不幸福，所以才会出言攻击别人，同时，这也是让自己陷入不幸的根本。如此循环往复，就会陷入一种恶性循环，只要不改掉这样的毛病，从某种意义上来说就无法获得幸福。

大家以自己为例子来设想一下就会明白。各位也想要和夸奖自己的人成为朋友吧，但是面对一个喜欢说自己坏话的人，并试图和他成为朋友的话，这需要莫大的努力忍耐以及宽容。只要一见面就开始说坏话，基本上，这样是无法长久维持和谐的友谊的。

在年少的时候，互相挖苦，一起玩耍级别的关系可能会存在，但是作为人类，一旦进入了成熟期，能够将挖苦当作玩笑话来听的人就越来越少。不停地说坏话，对于一个正常成年人来说，是很难建立起朋友圈的。

就像刚才所说的，人喜欢和赞美自己的人成为朋友，反过来说，也就是不愿意和说自己坏话的人做朋友。

对他人满嘴坏话的人，就等于在对别人说，我不想跟你做朋友。所以对于那个人来说，就等于在向你宣告“我可不想跟你做朋友”。

以这种状态生活着的人，既孤单又可悲，即使想要改变这种性格，也很难得到改变。特别是十几、二十几岁的人，想要改变这种性情着实不易。

以主观臆断为先的人更容易说他人坏话

然而，究竟是为什么，人的言语间会不时地带着嫉妒、愤怒，喜欢说别人的不是呢?

好好地反省一下就会发现，说出这种话的时候，通常我们自身也会非常难受。当然，当自己受到责骂以及中伤，或者他人对自己的评价下降的时候，我们也会感到非常受伤。然而，不仅是因为没有得到赞美而受伤，甚至还会在看到别人被赞美时，自己也会感觉到受伤。

年轻的时候，从某种意义上来说，都会非常以自我为中心。无法对自己的立场作出客观判断及评价，无论如何都围绕着自己的主观判断，以“自己是如何看待”为中心来行动。

因此，在大人们眼中，年轻人都是非常自私自利的。即便有例外，但普遍来说都是这样。

然而，年轻人却将自己的自私自利当作了“单纯”。

认为自己是“面对自己忠实而纯粹”，并且对待其他人也是如此，所以说话尖酸刻薄并没有错，他们会用这些理由来美化自己。而其结果往往会让人孤立无援，寂寞悲伤的情绪愈演愈烈。

而在这种类型的人身上，也很难发生天上掉馅饼的事情，所以他们就会更加自怨自艾，令自己在痛苦的泥沼中得不到救赎。

另外，这种类型的人即使遇到天上掉下馅饼的好事，也不会坦诚地欣然接受，容易将好运拒之门外。

喜欢否定他人的人，即使对于自己有值得肯定的地方，也不会坦诚接受。他们可能会想“莫非有什么陷阱吗”“即使现阶段很好，之后一定会发生什么不测吧”“是不是在耍我”“是不是在拿我寻开心”“这种事情不能相信，如果多次发生那么相信一次也无妨，但绝对不能就这么轻而易举的相信”等，总而言之，就是一直在朝着无法获得幸福的方向行动。

孤独而容易受伤，就此养成了不幸的性格。

这种不幸的人虽然很痛苦，却通过伤害别人，让不幸的人进一步增加，这种不幸最终又会回到自己身上，从而变得更加严重。虽然现阶段看起来影响微不足道，但却会一点一点地令自己周围的世界变得更加黑暗。

除了自由与平等之外，还需要“爱”的原因

在这个大背景下的其中之一，就是前面所讲到的，由于现代社会的竞争力度，在很多情况下都会产生成败。

但是，即使是不会产生成败胜负完全平等的社会，也会有排挤他人的情况发生。因为，只要出现一个稍微与众不同的人，所有人就会开始否定这个人。

企业并不是努力的社会，即使是农耕型的村庄社会也是如此。对于村庄中稍微出众一点的人，人们就会想办法拖他后腿，而对落后的人则采取孤立的措施。

也就是说，无论是自由的竞争社会，还是没有竞争的社会，对于与众不同的人，都运转着相似的原理。无论是在自由的原则下，还是平等的原则下，人们都很容易对与众不同的人产生排斥。

虽然常常谈到自由，平等，博爱，但无论是自由还是平等，即使对一部分人来说是值得肯定的事情，也存在着容易排斥他人、孤立他人，甚至驱逐他人的一面。因此，广泛地爱人，交流友情等就变得十分有必要。

在这种层面上，必须要了解，一定要以爱的原则来调和人与人之间的关系。

正确的思考方法拥有改变自己的力量

对于我自身来说，虽然很早以前就知道“祝福”这个词语，但是将这个词语作为自己的问题来思考、来接纳，想着努力改变自己的生存方式和思维模式，这大概是我 20

岁前后那段时间开始的。由于通过这种实际体验，很大程度上改变了自己，令我认识到“想法”的力量。

在各位之中，关于“自己常常说别人坏话”这一点，也许会有人认为，“这是遗传了父母的基因，是天生的”“因为是在这种说坏话的文化的社会氛围中长大的”。确实，20岁之前的人生，家庭及学校、地域、周遭环境，一定会带给人莫大的影响。

但是，一旦改变了想法，就可以改变自己。我通过亲身体验，切实了解到了想法的力量。这也成为了我的一个职业原理。

如果没有这种力量的话，不管说多少都无济于事。

我接纳了某个思想，只要尝试去改变自己的想法，并实现了自我改善，也可以说是，或多或少体会到自己有所改变。因此，我认为其他人也能体会，这并不是一件天方夜谭的事情。

虽然这种说法在佛教中可能就是“领悟”，是所谓的“醒醐灌顶”这类引导人生的箴言。这种词语，不知道的话就无法理解，但是通过这样的词语，可以令自己得到质的飞跃，也可以让自己的人生焕然一新。对于我而言，这可以说是一种非常重要的体验。

2 攀比是不幸的根源

嫉妒轻而易举，祝福却需要努力

容易受伤的人，基本上都不认为自己能够获得幸福。所以，想要通过让其他人也陷入不幸，来麻痹自己的不幸感，想要以此来寻找平衡感的行径，往往会让自己深陷泥潭不可自拔。

在这里，如果说到这一类型的人，首先应当考虑的事情，那就是没有幸福感的根源来自于互相攀比，也就是说，将自己和别人做比较。

当然，世界上不可能存在两个完全相同的人，肯定会有在某一点上出类拔萃的人存在，也许就在某个时段，某个人正处于顶峰的状态，而自己却位于劣势状态。

也就是说，因为时机、才能，以及环境等诸多因素而收获幸福，过得十分顺利的人也是存在的。

看见别人幸福，自己便会产生嫉妒的情绪，这说起来其实就是一种本能。

但是，嫉妒这件事情并没有任何难度。虽然很不可思议，但它的确是一件无师自通的事情。即使是婴儿，如果看到别的孩子得到了父母的特殊照顾，也会产生嫉妒。

另一方面，祝福，无论是被人教会，还是自身努力学习，如果不想着“努力变成这样的人吧”，就学不会祝福。嫉妒，不用学习就能感受到，但是为他人的幸福而祝福祈祷的心情，在通常情况下，需要有人来教你。有一种心态叫祝福他人，这是一件很有必要的事情，若没有人教导，就不会明白这件事。

基督教将祝福他人这件事，作为一条教诲，即使不是基督教，仅仅从道德角度也会被这样教导，老师以及朋友等，也会说类似的话吧。

祝福这个字眼，在心灵受伤并喜欢挖苦他人的人看来，根本就是充满了伪善的气息。内心黑暗，却夸饰表面，就好像只会耍嘴皮子。

但是，祝福并不是伪善。我希望大家能明白，这个字眼是值得信任的。

肯定自己的理想，是幸福的技巧

如果顺其自然，就会对他人产生嫉妒，“想把那个人拉下来，想嘲笑那个人”这样的想法就会开始作祟，这种时候，就需要努力地停止这种想法。如果能够打从心底认可对方的优秀以及才能、认真努力的地方、拿出卓越成果的地方，那么对于自身来说，也就意味着此时此刻，自身已经跨越了一道障碍，得到了成长。

善于发现他人的优点以及美好之处，也就拥有了恬淡的心境。

生涯现役人生

（日）大川隆法

为了得到他人的认可，必须拼了命地去努力。而有些情况下，也可以为给予自己认可或者承认自己才能的人，赴汤蹈火也在所不辞。得到他人的认可，就是一件至关重要的事情。

虽然人们都渴求得到他人的认可，但这也并非是一件容易的事。因为，其他人也都和自己一样，渴望被认可。

因此，并不能带着主观色彩轻易地去否定别人，我们首先要学习的是，“认可对方的优点”这种思维的方式。

停止自己的主观判断，以客观的目光去审视。比如说，以同龄人的视角，或者说从社会整体、学校整体、职场全体的视角来看，如果觉得这个人确实在努力，这个人也有优点，那就诚实的给予认可。

如果你做到了这一点，那么不仅对于你是一种成长，对于对方也是一种成长。我希望大家能够认识到，这是一件非常美妙的事情。

给予别人认可的同时，同时也令自己得到了提升。如此简单的道理，却是在我年轻的时候，怎么都想不明白的。

相反，总是想着嘲讽别人的人，自己也会慢慢地认为，我保持这样就可以了。

对于被赞美的人，可能有人会认为“那个人又笨又没出息”；对于考试中成绩优秀的人，也会有人说“那只是巧合，瞎猫撞上死耗子罢了”“那个人根本就没有努力，父母脑子好罢了”“老师比较偏袒”等。正所谓，欲加之罪何患无穷。

但是，对于成绩骤然提升的人，如果给予认可，说一句“你好厉害啊”，这种肯定形式，对于自身来说，也是一个自我提高的契机。肯定自己的理想等于认可自己的目标，也就意味着自身的改变。

另外，把对方往好的方向想，他就会渐渐地对你敞开心扉，给你一些意见或者建议，也能够成为对你的引导。

这一点，大家也一定要明确。

尤其是年轻人，无论如何都很难跨越这道壁垒，至少作为获得幸福的秘诀，了解这一点也是对自身有好处的吧。

赞美他人时，不要令人感觉到虚伪

赞美，当然也有方法不当的时候。比如一心想着利用别人而逢迎拍马或花言巧语。

初次见面的人，或者只见一次以及偶尔才见面的人可能会有一定的作用。但是如果对于长久交流的对象说了违心的话，总有一天会露出马脚。“这个人在胡说八道”“只是随口说说罢了”“信口开河，根本就不是出于真心”，这样一来就会产生反作用，令你丧失信誉。如果让对方认为被背叛了，被骗了，就会为你带来很大的负面影响。

也就是说，在赞美别人的时候，是否出自真心，是不是发自内心的赞美，这一点必须好好确认，决不能从一开始就想着编造谎言或欺骗。

无论是谁都很难做到面面俱到，要让对方感觉你是在真心赞美他的话，那么只要赞美对方值得赞美的部分就可以了吧。

比如说，两个适龄女性，一位是美人，另一位相貌平平，未必美人就能够先一步缔结良缘。也有可能是相貌平平的女性先行步入婚姻殿堂。这个时候，美人是否能够给予祝福呢。作为人之常情，都会想为什么你会比我先结婚，但是，这种就属于普通人。

真正的美人，是内心没有扭曲的，都坚信着自己足够美好，总有一天属于自己的另一半会出现。如此一来，心绪恬淡宽广，对于相貌平平的朋友先结婚这件事就会觉得这真是太棒了，发自内心的感到喜悦，并说着“×× 太太，真的是太好了，我也很替你感到高兴”。这样一来，友情自然能够天长地久，美人的美好之处也会更加熠熠生辉。

诸如此类，外表美丽心地善良的人，她的价值会得到更大的提升。但是，无论外表多么美丽，内心如果扭曲的话，就会招人厌恶。

生涯现役人生

（日）大川隆法

适龄的女性在参加他人的婚礼时，产生令人不悦的情绪也不在少数。

但是，不要光从自己的主观角度去看问题，努力做到从客观角度来审视。在这样的年代里，这样的人能够得到美好的婚姻真的是可喜可贺，运气不错呢，我的朋友里有人结婚了也是一件喜事。这样一来就能够发自内心的，给予对方祝福。

这对于被赞美的人来说，自己的人生得到了他人的祝福，是一件很美好的事情，而对给予赞美的人来说也是一件美好的事情。能够给予他人赞美，就是一个美好的人。另外，周围的人也能够看得到，一定会有人希望这个美好的人也能够得到幸福。

在学习方面也是同样的道理。成绩自然有好有坏，分数也有高有低，对成绩好的人冷嘲热讽，对成绩差的人叫嚣，这样的心境，肯定不会得到任何人的好感。

即使这个人聪明而优秀，但却对优越于自己的人口出恶言，对劣于自己的人贬低侮辱，谁都不会希望这样的人成为领导。

对于成绩优秀的人，能够给予“你真的很努力啊，太厉害了，你是怎么学习的呢”这般真诚的赞美，这样的人才可谓心胸宽广品格高尚。

然而，如果对成绩不理想的人说“看你的狼狈相，我真是神清气爽”之类的，即使这些是发自内心的想法，自己会因此而感到开心，这也绝对不是美好的行为，对任何人都不是一件好事。

所谓的是否拥有祝福之心，在令自己更上一层楼的基础上，也是一个领悟的试验。

那么，就请大家努力让自己拥有祝福他人的心吧。

3 夫妇以及亲子之间也需要“祝福之心”

夫妇关系中的不和谐，可以用祝福之心来调解

虽然祝福之心不是每个人都能够拥有的，但通过努力令自己给予他人祝福，至少可以缓和人际关系中的毒瘤。人际关系之中难免会出现各种各样的摩擦，但是只要带着祝福对方的心态，就能够起到缓和作用，各位只要尝试一下就会明白了。

这一点对于夫妇之间的问题也同样行之有效。

关于那些离婚的夫妇，他们在离婚之前一年左右的时间内，只要见面就会不断地埋怨对方，甚至经常自问，如此讨厌的一个人，当初怎么就结婚了呢?

婚前以及结婚之时，不停地互相赞美，甚至把对方主

观美化成自己的理想型。但许多这样的夫妇在结婚几年之后，每次见面就好像寻仇一般互相挖苦埋怨，争吵不休。这样的落差实在是太令人震惊了。

但是，客观地说，这个世界上一文不值的人并没有几个。

无论你迷恋对方也好，不迷恋也罢，至少当时肯定是认为马马虎虎还不坏才会结婚的吧，那么对方总会有一些值得肯定的地方才对。只是，现在看来，对方的某一点令你不悦，或者你的某些方面被对方批评而导致你的不愉快，关系才变得僵持不下。

离婚之前一定会相互埋怨数落，但是每天这样，不知不觉中便坚信自己所埋怨的都是“事实”，渐渐地和对方变得无法交流。

但是，结婚的时候，并没有觉得对方是这样十恶不赦的人吧。虽然在这之中也可能存在着“结婚之后才发现，对方简直是令人难以置信的恶人”这种情况，但这也是例外中的例外了。

基本上，问题都在对对方的评价方法上，对方本身从始至终并没有什么本质上的改变。即使有了些许变化，也是不离其本质的，变的只是你对对方的评价，是你的主观意识。

因此，对自己的伴侣充满责备的人，只要尝试着停止责备，从社会整体的角度以客观的目光去审视，自己的责备是否得当，试着思考一下吧。

分辨善意的批评，改正口出恶言的毛病

说坏话和批评十分相似，从接受的层面上来看的话，基本上大部分都是对等的。

不能说所有的批判都是正确的，也有不对的时候。

但是，如果存在着并非说坏话的批评，那么对于发出批评的人来说，应该有着十分有力的证据来让自己深信这是“正当批评”。带有一定的说服力，以这样的角度去思

考的话，出现这种批评就变得很正常。或者，仅仅只是出于本能，感情用事的发言。这种不同还是可以区别的。

我们无法完全消除批评，说到底，批判也有其存在的必要性。

然而，如果说坏话成为一种习惯的话，还是有必要好好反省改正的。为了使人达到一个更好的境界，必须给予得当的批评。但是，说坏话是否已经成为了一种习惯，这需要好好地自我反省。

虽然，在对方着实有不妥的情况下需要给予批评指正，但这究竟是正当批评，还是自己感情用事，或者仅仅是觉得有趣，关于批评的理由，需要好好地自我审视一下。

不管怎么说，如果有了离婚的念头，也许尝试着赞美一下对方就会有所改变。同样的，如果是假意的赞美，之后必然会出现反效果。将你真正觉得值得赞美的地方说出来就好了。

任何人都一定会有值得令你赞美的时候，即使不能全面肯定，也可以针对某一点来赞美。赞美对方的优秀之处，以及不懈努力之处，也可以改变对方的心情，融化冰封的内心。

相互之间有这种互动的话，也能够慢慢地缓和彼此间的关系。

只要你给予对方赞美和肯定，便能够让自身显得更加美好，对方也会往好的方向转变。这和照镜子是同样的道理，说坏话你收获的就是坏话，祝福他人你所收获的也是他人的祝福。所以，努力让自己去赞美别人吧。

在这里，我想附加说明的是，以上都是普遍意义上的结论。如果丈夫或者是妻子的社会立场显著提升，夫妇之间在认知上出现了不可跨越的鸿沟，并且无法接受对方优先公共责任的立场，而一味地为难时，或许各自选择另一条道路，对于人生整体来说，都会是一个幸福的选择。

对于好孩子和坏孩子，请父母们公平以待

即使是在孩子身上，也存在着说坏话的问题。确实存在着爱说坏话的孩子，作为父母就必须要为孩子纠正，有时候也难免需要一些严厉的管教。

但是，在这里，对于父母来说有一个非常容易失误的地方。

几个孩子之中，表现好坏以及善恶是非，当然会有所差别。在这种情况下，带有社会主义心态的父母，会努力维护表现较逊色的孩子，想要填补落差。然而表现优秀，拼命努力的孩子，往往却得不到应有的表扬。如果企图通过这种方式来取得平衡的父母们，必须注意到这一误区。

毋庸置疑，平等的爱固然重要，这是属于根本性的问题。但是，个体行为，行动及努力，言语措辞上的善恶，以及应当得到赞美的时候和不该被赞美的时候，存在着各种各样的情况，一并而论只会给教育带来消极的影响。

为了优化教育效果，必须对这些情况加以区分。

另外，如果盲目追求平衡，采取“是这个社会不对”这类说法来教导孩子的话，这个孩子长大以后将会容易误入歧途。

这是因为，孩子会慢慢的认为，错的不是我，而是其他人。因此，父母对于孩子，一定要给予正当的评价，不能有所偏颇，一定要把握分寸。对于孩子的行为应该悉心观察，给予得当合理的评价。

如果孩子的行为及生活态度并不是你所期待的，请尽可能的将你的想法告诉孩子，“我不希望你这样，我期待你能够以那样的方式”，努力根据家庭氛围来引导孩子。

就像前面所提到的，优秀的孩子不给予表扬，对犯错误的孩子却予以包庇，那么犯错误的孩子，即使是长大以后，也依旧不懂得孝顺父母，这是一个习惯问题。他们不会去照顾父母，继续依靠父母的经济援助，继续给父母添麻烦，继续让父母操心。

另一方面，会好好赡养父母的通常都是善良的孩子，以表现好坏来说的话，通常都是表现好的孩子。

但是，如果父母没有给予得当的评价，会让这个孩子认为，父母只知道偏袒表现不好的孩子，对自己却不予理会，内心就会产生非常强烈的不公平感。虽然还是会照顾父母，但是会一直带有这样的心情。

所以父母一直不给予正确得当的评价的话，会给孩子带来消极影响，这是一种错误，我希望大家应该明确这一点。

作为孩子，首先应该努力赢得父母的信任

根据江户时代的人所记载，这个孩子是否尽孝道，可以用以下标准来加以区别。

孩子离开父母，走出家乡之后，从远方传来孩子的消息，父母认为“啊，我们家的孩子，一定得到了大家的夸奖”。这就是孝顺的孩子。

相反，从远方传来孩子的消息，父母立刻想着“啊，那个孩子是不是又干了什么坏事，一定做了什么对不起别人的事情。”这就是不孝顺的孩子。

这样的标准通常不会出错。

因此，如果二三十岁的年轻人想知道自己是否是个孝顺的孩子的话，只要思考一下，别人说到自己的时候，父母会作出什么样的猜想就可以了。认为“那个孩子又犯了什么错误”还是坚信“那个孩子做的事情，一定不会有错”，想想父母会给予怎样的评价，也就能够大概明白了。

比如说，我们来设想一下孩子远在异国他乡的情况吧。

父母认为，这个孩子在家都没做过几件好事，到了国外一定更加恶劣，于是反对孩子出国。同时，孩子认为“妨碍孩子的自由发展，真是不称职的父母”，会强烈抗议吧，就是因为自己没有得到父母足够的信任，所以父母才会这样思考。

然而，如果父母认为“那孩子的话，父母不在身边也完全不要紧，就算遇到了什么问题，也一定能够自己挺过去吧”，那个孩子一定努力赢得了父母足够的信任。这样的孩子，通常都是孝顺的孩子。

所以，首先应该努力获得父母的信任，然后才能慢慢赢得朋友的信任，或者是公司前辈以及上司的信任。孩提时代，就努力的让自己拥有父母的信任吧。

当孩子的消息传入耳朵时，父母会紧张不安，还是认为“我们家的孩子，多半又被夸奖了”，差异便非常明了。

另外，如果听到了不好的传言，父母也会认为“我们家孩子是不是被误会了，周围的人是不是误会了什么，我们家的孩子不会那么做的”，那么就说明这是一个孝顺的孩子，也就是日积月累而得到的信任。

平时，在父母眼中，认为“没问题”的孩子，即使出门在外，也不会有什么大问题，然而让父母担心的孩子，就算出门在外父母也依旧不能省心。

以这样的标准来思考，是不是一个孝顺的孩子便一目了然。

各位也一样，如果过了三十五岁仍然不能确定自己究竟孝顺与否，可以采取同样的方式来确认一下。打电话跟父母聊自己的情况时，父母会不会紧张的猜测“是不是发生了不好的事情”，这样一来，也就知道一个大概了。

信任这种东西，是通过日常琐事长时间的累积而来的结果，已经得到的信任，不会轻易崩塌。相反的，也不要指望在一夜之间就能够赢得信任。想要赢得信任，就需要付出相应的成果和努力。

在世间善恶的评判中，如果你希望被认定为“善”，希望获得他人的信任，作为“开头”一定需要付出更多的努力。努力的方向非常清晰。请各位明确这一点。

4 带着祝福之心，解决人生问题

对于明显的恶意，需要祈祷及战斗

基本上，如果一个人一直被粗鲁、坏话、嫉妒等俘获心灵的话，是无法获得幸福的。所以，请试着去拥有一颗祝福的心。

然而，“如果碰到了真正的恶意，难道也要祝福吗”，一定会有人想问这个问题吧。

比如说，有人问“在认识的人里面有个连环杀人犯，对这个人也要给予赞美吗？”然而，犯下真正恶意的人，是绝对无法给予赞美和肯定的。如果赞美他的话，那赞言将成为谎言，也就无法拥有一个正直的心态。

对于这样的人，至少请你为他祈祷。祈求“愿那个人得到善的感化”“愿那个人不再作恶”“愿那个人的灵魂得到救赎”，如果除此之外还有自己力所能及的事情，请不要吝啬。

然后，对于赤裸裸的恶意，请毫不犹豫地去战斗。对于各种各样的事情都给予宽容接纳，该赞美的时候也绝不吝啬赞言。

但是，如果认为这是明显的恶意，觉得不能让恶意横行，那么就要明确斗争到底。当然，也有产生反作用的时候，但必要的时候一定要斗争。如果不留有这样的思想，恶意将会扩大。

关于这个问题，究其根源深入思考，是善是恶，正义与否，作出判断就可以了。

但是，深入观察每一个人的话，务必要了解人类就是会犯错的存在，在某种意义上，也需要能够包容这个本性的宽大心胸。让自己拥有给他人善的引导，循序渐进改善自己，并发现对方身上优点的能力。

祝福令你嫉妒的人，会令你得到自我救赎

有人说爱的反面是恨，也有人认为爱的反面是嫉妒，这种想法或许并不是信口开河。

承受嫉妒的煎熬，将会夜不能寐。这种情况下，祝福之心将成为拯救自己的关键。

如果没办法说出祝福的言语，我认为，也可以选择在心底默默的祝福。

这样一来，自己也会得到很大程度的改善，并且对方也一定能够感受到你的祝福。

另外，父母对于孩子善恶表现的评价问题，对于赤裸裸的恶意需要采取强硬的手段，但是在工作方面，是否出色地完成了工作才是根本问题。在本章，主要对以上内容进行了详细的说明。

工作上如果遇到失败的话，必须要究其根本，工作上取得成功的话，就必须要给予嘉奖。千万不能颠倒是非给

予不公正的评价。

然而，在给予评判的时候要做到对事不对人，即使对于工作业绩以及内容作出否定，也绝对不能攻击对方深层的人性方面。也就是说，批评对方的时候，说到底也只限于工作的范围内。

因此，对于那些令自己感觉嫉妒的人，就努力让自己拥有“爱其才能”的心情吧。

如果那个人拥有卓越的业绩或才能的话，祝福他一定会为你带来好运。

明明自己很努力了，成功的却是别人，在这种情况下还要祝福他人，可能会令人觉得难以置信，但是，看问题不能局限于眼前，要综合考虑。这样的“祝福”，也是领悟的一种。

参考本章节的内容，去解决你人生中所出现的问题吧。

第7章

在命运的激流中奋勇向前

1 在命运的激流中，给予你救赎的指南针

2 区分人生中幸与不幸的心灵态度

3 开拓你的决断力

1 在命运的激流中，给予你救赎的指南针

正是因为“有可能解决”才烦恼

在本章节中，我想围绕“在命运的激流中迎难而上”这个主题进行说明。

这样的标题，可能会给人一种“人生就好像水面的浮萍，没有根，随波逐流，无法把握自己的命运”这般感觉吧，一旦越过了难关，那么一切都将变成被美化了的回忆。

但是，每个人在面临这样的难关时，都会被推到最严酷的情况下。即使事后看来不值一提，但是对于那个时刻

的自己来说，似乎就是人生中最严酷的紧要关头。

我也曾和大家一样，在烦恼与苦闷中找不到出口。

当结果和结论出来之后，无论任何问题，都显得不再那么至关重要，但是放在眼下，无论是谁，都会感觉如临大敌。

在旁观者看来，并不认为是多么不得了的事情，甚至可能觉得这是很正常的现象，但是对于当事者本人来说，却深刻感觉到波涛汹涌的命运。

但是，作为真理想要告诉各位的是，大家能否做到，不把眼前的问题夸大，而是将其当作偶遇一个小风波。更进一步地说，就是能否让自己拥有处变不惊的心境。

世上之人，皆有烦恼。世界上应该不存在为了消除烦恼而愿意放弃生命的人吧，烦恼就是活在当下最好的证明。

如果当一个人什么烦恼都没有了，也就意味着他已经迎来了必须和这个世界永别的时刻了。现在正烦恼不已，也就是说，我仍然活在这个世界上。

甚至也可以说，烦恼是可以根据思维方式不同，是能够得到解决的。

也可以理解为，命运的激流，或者说上苍的试炼，自己究竟能够走到哪一步，现在由自己来确认。

为了辨别前行的方向

在我24岁的时候，对于自己想要做的事情豁然省悟，但是回顾自己之前的人生，二十几岁的时候，果然还是为了现实生活中的种种尝遍了烦恼的滋味。

如果当时的烦恼消失了，另一个烦恼将接踵而来。即使辞掉了公司的工作，开始着手于自己的事业，也会在运营上遭遇到层出不穷的问题。就仿佛越过一道风浪，另一个风浪接踵而至。终于战胜风浪之后，又会有下一个波浪潮侵袭而来。

而在面对这些烦恼的时候，一定要把握住至关重要的一点，那就是搞清人生的方向。就好比在海里游泳的时候，一定要搞清楚哪边是大海哪边是沙滩。

大浪袭来的时候，游向大海的人必死无疑。但是只要你朝着沙滩游，一定会从大浪中逃出。

人生正确的方向通常都是二选一。因此，你必须明白，只有人生方向这个问题是万万不能出错的。

那么，当自己处于人生的风口浪尖时，究竟应该如何判断自己现在是正在往岸边努力，还是越来越背离海岸。

基于信仰去判断是最好的，这是自己应该走下去的方向，或者，不是自己的正确方向。

如果是基于信仰而选择的方向，即使遇到大风大浪，也能够毫不犹豫的激流勇进。相反，如果感觉自己走在违背自己信仰的道路上，这就是错误的方向，必须迷途知返。

虽然道理很简单，但是如果不谨记这一点，人生就只会被命运的激流玩弄。可是，人生绝不可以如此虚度。

确认是否有“喜欢不幸”的倾向

这个世界上也存在着，当自己被命运玩弄于鼓掌，苟延残喘却依旧乐此不疲的人。如果自己的内心潜藏着这样的想法，就必须要去改变自己的看法。

在我的作品中，比如《“无法获得幸福”症候群》等一些书中都有提到。可能人类自己没有意识，但是“偏爱不幸”的心理却是真实存在的。虽然旁观者多少会有所察觉，但是自身却很难察觉到。

往昔的悲伤痛苦经历，或者失败经历全部铭记在心，就会形成惯性失败的模式。

那么，在类似情况发生时，就会感觉之前也有过这样的经历，从而跌入了曾经的失败模式中，重蹈覆辙。就这样反反复复恶性循环。

在工作以及人际关系上，出现了和曾经的失败相似的情况时，一旦想着，这也将发展成之前的状况了吧，就会引起与往昔的苦涩回忆相似的情况。

人类喜欢将自己的不幸归咎于其他人或者环境等外部因素上。人类竟然会自己走入失败模式，并且偏好这种失败的状态，这实在是令人无法想象。

因此，不幸的人，存在着将失败反复经历的倾向。

若不幸经历有了两次三次甚至更多次的话，那么尝试一下放空自己，站在旁观者的角度上冷静地审视自己。需要你用客观的立场去重新定位自己。

停止博取他人同情的行为

虽然我认为爱他人很重要，但其实，人是一种渴望被他人爱护的动物。但是，让别人对自己付出爱的感情，却是相当不易的事情。

因为渴望被爱而得不到爱，那么作为爱的替代，便产生了博取他人同情的倾向。让自己处于能够被他人同情的立场，或者故意为自己制造这种机会。

处于什么样的立场会得到他人的同情，我相信大家也应该有所了解吧。

比如说，生病了其他人就会同情你。即使是敌对关系，或者对手关系，如果有一方生病了，另一方的态度也会突然变得温柔，或是停止攻击的姿态。

如果没有主动言归于好的勇气，那么以生病来代替努力修补裂缝的劳动，其实就是想从争执中逃离的表现。

或者说，喜爱贫穷的人也出乎意料的多。这也是因为，在大部分情况下，很多人都刻意将贫穷归咎于他人，或是社会原因，国家原因，世界经济原因等。如果，在你的身上存在博取他人同情的倾向，那么，请立即停止这样的想法吧。因为即使博得了他人的同情，一切也不会有任何改变。也许你能够得到很多安慰，但实际上，本质问题根本没有得到解决。

2 区分人生中幸与不幸的心灵态度

肯定“机会平等”，而非“结果平等”

现在，非常令我在意的一点是，当下相当流行的“低收入群体”一词。

所谓的低收入群体，也就是无论怎样兢兢业业地工作，生活也不会变得轻松。贫困的人，这个词在电视上也经常听到，也经常出现在报纸上，甚至有低收入群体被制作成一个特辑在媒体上被指出。

这种无论怎样工作也仍旧贫穷的思维方式，在我看来就是伪装过后的平等主义。

一旦进入这种思维模式，就会认定“就是因为世道和国家的问题，所以只有一部分人能捞到钱，所以我们才如此贫穷”，这基本上和平等主义的思维方式并无太大差别。

平等主义原则的基本内容就是“嫉妒心的合理化”。将对于成功人士的嫉妒变得合理化。

在平等主义的社会中，一旦成功就会遭到嫉妒，基本上都围绕着不让自己成功，目标指向“结果的平等”。

一旦目标为无论任何人之间都不存在差异，其结果就是，所有人都贫穷。“所有人都贫穷就没问题了吧”，但是这样一来，也就没有人会去帮助穷人。在平等主义的社会中，非常容易走上这样的道路。

然而，关于平等这种思维方式，请你用以下方式来思考一下。

我所定义的平等，指的是机会平等和机遇的平等。我认为，挑战一件事情的机会应当放在大众面前，必须为此而创造更多的可能性。

但是，所谓的结果平等，实在是一件天方夜谭的事情。

比如说，无论跑了 100 米，还是 42 千米，195 千米的马拉松，其结果是不可能相同的。对于每个人凭借各自努力这一点，我认为非常值得赞美，但是作为结果而言，他们的耗时及顺序果然还是有所差别的。

这一点，放在学习或者绘画方面，也是同样的道理。

比如说，无论是画得好还是画得差，其结果受到的待遇都是相同的话，会变成什么样呢？如果社会大众对于他们之间的评价都是一样的，那么将没有人会为了画画而付出努力。

实际上，如果一部优秀的绘画作品在日本美术展览会上获奖的话，会有“号”这样一种，绘画的面积单位，被标上高昂的价格。正是因为有这样崇高的梦想在前方等待，年轻的画手们才会拼尽全力的去努力画画。

音乐家或者是歌手也一样。如果说演奏或者唱歌无论好坏，结果都是一样的，那么也没有人愿意为之努力了。

或者说，拿职业棒球选手来打个比方，如果因为平等是人类的基本原则，就算是松井秀吉以及一郎这样的明星选手，薪水也和大家一样，那么即便是松井秀明或者一郎，也渐渐地不会再努力练习了吧。

一旦开始博取同情，将会失去人们的支持

虽然可以保证机会平等，但是作为结果来说，果然还是有所差距的。这种落差，来源于本人的努力、进步，以及天生的才能，这样一来也会得到大多数人的支持和帮助。

一般来说，有这样一个说法，无论你做的是什么，如果有 300 人左右给予你帮助和支持，那么你就是成功的。

放在任何一个领域中，大众的支持都是必不可少的。

为了获得成功，除了本人的努力、进步，以及才能和运气之外，必不可少的也就是大多数人的支持。

如果能够拥有 300 人的支持，那么无论你从事什么样的事业，基本上都会走上成功的轨道。做歌手也好，开饭店也好，美容院也好，不论职业不论工种，只要得到这么

多人的支持，成功就已经势在必得。

赢取人气，赢取大众支持，这是一件不容小觑的事情。

但是，就像前面所说的，那些企图博取他人同情的人，似乎无论如何也不能发觉这样的道理。整天想着“总之，先让自己看上去很不幸，让别人来同情我吧”，这样的人是无法获得 300 人支持的。即使第一次成功的博得了他人的同情，但是第二次第三次，渐渐地对方就会感到厌恶。

将来老龄化现象会更加严重，老人们对子女或者儿媳孙子等的不满情绪会有很多吧。也会有人愿意倾听这些不满，但是，虽然第一次有人愿意倾听，可到了第二次第三次，听的人就会渐渐地感觉厌烦。第四次以后，基本上就不会有人愿意再来听了。人们大体上，都是这样的情况。

因此，盲目地博取同情，基本上是无法获得幸福的。

让人反反复复想要见面的，并不是值得同情的人，而是让其他人感觉幸福的人。

每次见面，都能够得到某种好的影响以及感化。能够给予人生的引导或者赐予勇气的人。或者说，在自己低落的时候，及时给予鼓励的人，这样的人拥有吸引他人的魅力。

因此，必须将想法纠正过来。越是敏感的人，越容易成为爱博取同情的类型，如果你认为自己和这样的人类似，那么请你一定要努力的纠正自己的思维方式。

不要以自我为中心，而是多为他人考虑

现在，我们将到这里为止的内容，换一种说法来说明。

在这世间，有“天动说”和“地动说”这样的说法。

所谓“天动说”，就是太阳围绕地球转动，而“地动说”，则是地球围绕太阳转动。如果按照我们日常生活的感觉来判断，似乎天动说比较可信，但实际上，地球却是以十分缓慢的速度围绕着太阳转动。

但是，根据现实生活中的感觉来判断，却好像我们是静止不动的，而是太阳围绕着我们，也就是围绕着地球在

转动。长久以来古代人都对此深信不疑。

就像“天动说”一般，这个世界上有人相信着“世界万物都是围绕自己在运作”。虽然这绝对是一种错觉，活着的每一天，都会以为一切都是以自己为中心而活动的。

以家庭来打个比方，基本上都是以丈夫为中心而运作，而并非以妻子为家庭的核心吧。这样的人，容易认为“一切都是以我为中心在活动”“世界上的人都应该配合我来活动”。

人类也是如此，天动说型的人和地动说型的人都是存在的。

地球在围绕着太阳转动的同时，自己也在运转，这个真理对于身处地球上的人来说，非常难以理解。但是，长时间在露天拍摄星空，就会发现星星们都在运转。

以前我曾在夏威夷的时候，在餐厅一边欣赏星空一边用餐，看见星星在缓慢的移动。那个时候，无论如何也无法想象，在动的竟然是地球。当时仿佛天空在动，或者是星星在移动。

但是，这个错觉必须得到彻底地纠正。因为，这种天动说的观点正是使人陷入不幸的罪魁祸首。

我在本章所叙述的内容，并没有多么深奥。

总而言之，也就是改变以自我为中心的思维模式，改变天动说的思维方式，这样一来，不仅人际关系能够得到改善，工作上的问题也会得到彻底的解决。

必须主动行动，这种地动说的思维方式，在工作上也就是“为客人服务”。

相反，如果在工作上采取天动说的思维模式，也就会认为“我们的产品哪里不好了，不买是顾客的损失”，或者是，将自己店铺倒闭的责任归咎于“是那家超市害的”“是那边的商场导致的”，这样一来，就容易导致对超市或者商场的反感和抵触。

但是，如果以客人为中心的话，就应该以顾客至上。

大企业有大企业的优势，商品涉及领域广泛，品种齐全价格优等。

然而，小企业为了生存，就不得不做大企业无暇顾及的事情。比如说，拜访客户，并提供大企业所不能兼顾的服务，或者，销售大企业没有涉及的商品领域。诸如此类，必须做到顾客就是上帝。

我想要说明的就是这个问题。

基本上，人们不是天动说就是地动说，总归是这两者中的一个。自己的思维方式更偏向哪一种，很大程度上决定了祸福成败。

虽然人类都讨厌以自我为中心的人，但是却无论如何都难以察觉，自己在他人看来就是一个以自我为中心的人。

如果看见一个自私自利的人，各位也都会觉得很讨厌吧。“那个人只考虑自己的事情，完全唯我独尊地生活着”，这种情况旁人一看便知，自然也能够做出批判。但是一旦到了自己身上，就怎样都察觉不了。世间的人，大多如此。

因此，我教导大家一定要反省，告诉各位要如同照镜子一般的去审视自己，我教导大家博爱，告诉各位对于他人，须多多行善。

3 开拓你的决断力

紧要关头需要拥有取舍的勇气

在商业运营等方面，做大事的人都会遭遇到命运的激流，迫在眉睫的问题层出不穷，如同惊涛骇浪一般席卷而来。想必肯定会很辛苦。

在这种紧要关头，基于信仰作出判断，果然是一件至关重要的事情。

其次，决断也是非常重要的。在人生之路上，决断力尤为关键。

看着那些命运多舛的人们不断奋力挣扎，究其原因，基本上都是没有作出正确的抉择。抉择是否正确是一件非常重要的事情。

没有作出抉择的人，在遭遇进退问题的时候总会表现得犹豫不决，迟迟不做选择处于摇摆不定的状态。

这个世界上，充斥着价值观的碰撞，无论是个人还是企业，都有着各种各样的价值观，不可能全部都不对，但也都存在着各自的可取之处。因此，而产生了价值观的碰撞。所以在最后关头，必须作出抉择。

在事业方面，也有各种做法和方法论。但是最终，必须选择其中一种，必须作出取舍。

因此，我们需要锻炼自己取舍的勇气，必须提高自己的决断力。

开始创业时“我的抉择”

至今为止，应该是20多年前了，从1984年到1986年，这一两年间，我从名古屋调动到东京之后一个月左右，我辞掉了工作，开始着手于自己的事业。如果当时我没有做出这样的抉择，也不会有现在的成就了吧。

找工作的时候，虽然对于自己来说只是偶然在那家公司就业，但是一旦沉迷于工作，就会发现这份工作的有趣之处。工作这种东西，就是越做越觉得有意思。

之后，渐渐地身负要职，受到周围的关注与期待，对于要辞职这件事，也曾一度令我感到痛苦。

当时我所就职的综合商社，年交易额达到三兆日元，在商社中排行第七。同当时丰田的销售额不相上下。

我在那家公司的最后时光，是在名古屋分公司，被分配在与银行打交道的财经部门。

商社这种地方，由于进行着大量的买卖，巨额资金是必不可少的。因此，为了防止无法筹措资金，以及巨资买卖，即使当时没有需要，也会在向银行贷款的时候留有充足的空间应对突发状况。

并且，当时 1980 年，还处于泡沫经济时期。我所就职的公司，银行声称地价正在不断上涨，贷款买地一定会赚的，于是乎被塞入了大量多余的资金，并且打算用这些钱买地建造高尔夫球场以及保龄球场，开发公寓等，全部用在无所谓的项目上。

公司的营业额明明有三兆日元左右，贷款却超过一兆日元，这无论如何也太离谱了。我对于公司当时“不断贷款”的政策，认为这样下去很危险，不需要的资金不应该贷款。

当时相对于商社，银行一方是比较强势的。或许应该说被强制放贷了。对于银行来说，每一个商社等于一亿日元左右的贷款，都是大手笔生意。短期小额度贷款既麻烦，也没什么赚头，长期巨额贷款是银行比较喜闻乐见的。

当时，我所就职的公司面临的问题是，近 10% 利息的长期固定资金，大量被塞进公司。

银行比商社还要强势，应对我们公司的担当是一个张扬跋扈的精英，强制给我们放贷，非常棘手。特别是长期贷款型的银行，也就是当时的日本兴业银行和日本长期信用银行，里面充斥着许多东京大学出身的人，他们全都张扬跋扈，目中无人。

与这样的银行交涉时，我总是被公司当作精英王牌。自认为有两下子，并且带着无所畏惧的心态，如同试刀杀人一样吧。只要银行那边来了强势的担当，便是我出场的时候了。而只要我去交涉，总是能够压倒对方凯旋而归，可能相当好使吧。

随着抉择而增加的幸福总量

这是辞职前一段时间发生的事情，公司在向大家征收论文，我提交了一份关于公司未来正确走向和发展的论文。在审查中，一直到董事会都全部通过，最终走到了社长审查那一关。

因为在我写的论文中谈到，“现在的经营政策走下去很危险”，作出了对社长的明确批评，到了社长秘书室，似乎被认为这篇论文如果作为获奖作品，优秀作品被发表的话，让公司的人读了可能不妥。因此，我被做了很多思想工作，最终论文被隐瞒了下来。

但是，我辞职以后，那家商社果然还是完全照搬了我所写的策略。政策转换之后虽然维持了一段时间，但是到2000年左右，由于资金操纵和资金计划上的失败，还是陷入了经营危机，最终，只能寻求和其他商社合并才得以存活下去。

虽然曾经有认识的人对我说："如果你没有辞职的话，公司就不会一败涂地了吧。"恐怕他们这般认为应该也是没有错的。我的预计起了作用的话，应该不会发生那种事情才对，如果我没有辞职，也许公司就不会衰败了吧。

我曾被多数人寄予厚望，他们在我身上给予很大的投资。虽然和这个没有太大的关系，但是对我来说，辞职投身于自己的事业，这也是一个痛苦的抉择。在这之后的一年左右我都在为自己的事业做着准备工作，那是无收入无职业的一年。

生涯现役人生

(日)大川隆法

在名古屋时期，我的痛苦就是做这个抉择。在辞职前一年左右的时间里，基本上烦恼痛苦都集中在这一块。

初步的计划已经形成，但是要将自己的事业慢慢壮大，关于这点我还是有些不得要领，缺乏自信。另外，公司方面不停地交给我重要的工作，被大家寄予厚望，但我却可能要背叛大家的期待了吧，这一点也让我无法释怀。

公司方面，在我辞职之后，大量裁员，最终选择了与其他公司合并。

虽然很遗憾无法挽救公司，但是辞职也是无奈之举，我当时便是带着这样的觉悟作出抉择的。

我有自信说，如果当时我继续留下去的话，那么公司可能也不会衰败。因为，当时我对于社长在运营政策上的问题已经看得很透彻，实在是一件非常遗憾的事情。

但是，这样的说法却是不能成立的。世间本就诸事无常，变幻莫测。公司被淘汰等，发生许许多多的变迁都是理所应当的。

另外，我在纽约就职时，正逢“9·11 恐怖袭击事件”发生。世界贸易大楼遭到被劫持客机的冲撞，倒塌之后便不复存在了。这不禁令我感慨，人生中总是有各种各样无法预料的事情发生。

关于“等着我们的究竟是怎样的未来”这件事情根本无法预测。该来的总会来，但是，不管发生了什么事情，我们都要带着智慧和决断，努力跨越荆棘。

舍弃与成功息息相关

最后，我来和大家一起总结一下本章的内容吧。

当命运的激流袭来时，虽然会措手不及，但首先，要确立你的信仰，基于信仰来判断正确的方向在哪里，之后果断地选择应该前进的道路。

因此，决断力是至关重要的。在人生中，不舍弃就无法前进的情况不在少数。那个时候，认真思考，虽然伴随着痛苦，但是请你一定要舍弃该舍弃的，选择该选择的。

在我的作品《生命之法》中，阐述了“代价的法则”，“舍弃了多少”与“成功了多少”是密不可分的。

我希望大家能够明白，虽然抉择之时会伴随着许多痛苦，但这份痛苦是开拓新时代所必需的东西。

第8章

去感受奇迹吧

1 令自己痛苦的根源

2 平静地接受人生的难题

3 世界上不存在偶然

4 感受奇迹的瞬间

1 令自己痛苦的根源

自我保护的心会让自己陷入不幸

在本章中，我将想要告诉各位的几个关键点集中一下来说明。

在各位之中，每天毫不懈怠地努力，也未能从痛苦之中解脱出来的人，想必是存在的吧。这个时候，我希望各位能好好思考一下，现在，我正在为什么而烦恼，为什么而痛苦。

其原因，想必都集中在一点上。那就是自我保护的心情。

因为想着办法要好好地保护自己，思维方式也是基于这一点来运转的。关于这一点，我希望大家能够好好地自我审视一下。

人类也和昆虫及其他动物一样，作为生物，从危险中努力保护自己，施行自我防御是一种本能。

但是很遗憾，本能地判断“自我保护”的情绪，反而会成为令自己陷入不幸的原因。大家的痛苦得不到解脱的根源，九成都是这种自我保护的情绪在作祟。

自我保护实例①——为自己辩护的心态

如果要问这种自我保护的心情究竟是什么，其实之一就是为自己辩护。

也就是说，“自己这么做，是有正当理由的”总是想着为自己找借口。

因为他人的言辞、行为、事件、世态、公司状况、父母以及孩子家庭问题，各种各样的环境因素及时代因素，社会因素等，让现在的自己如此受伤痛苦，大多数人，应该都渴望获得让自己的行为正当化的理由。

如果仔细寻找，一定能够找到某种理由，不可能完全找不到，至少能够找到两三个立足点。

现在作为让自己烦恼以及痛苦受伤的理由，比如说，“都是因为那个人”“是那个人说的话引起的”“五年前发生过这样的事件”“因为十年前孩子出生的时候，有过不顺利”“二十年前没能顺利从学校毕业”等，我认为这样的理由要多少有多少。

但是，这种情况下，首先在自我保护的这种本能的驱使下，各种各样的借口就都出现了。

而且，这种不幸的原因，并不会归咎于自身，而是企图怪罪于外界因素。至今为止与自己接触的人，他们的言语、行动、感情，以及给自己带来影响的事件等，各种累积令自己陷入了不幸，恐怕就是这样的想法吧。

然而，这种想法本身，就是不幸福的原因之一。

尽管自我保护的本能只是一个想要保护自己的机能，但实际上都变成了解释自己不幸的理由，并企图说服自己。

也就是说，将自己不幸的理由归结于外界，以及他人的过错，或者归咎于眼睛、耳朵等身体的某一部分有障碍，甚至怪自己的脑子不如别人好用，列举出各种各样的理由，来为现在不幸福的自己辩护。

在大家的内心，不能说完全没有这种情绪，并且绝对存在。虽然很难坦言，但是独自一人自言自语时，一定会说出类似的话吧。

这种为自己辩护的心情，实际上就是令自己痛苦的根源之一。

自我保护实例②——攻击他人的心态

另一点，就是将自我保护的情绪，转变为攻击他人的情绪。

这种情况，多数发生在性格比较争强好胜的人身上。这种类型的人，简单来说，并不是消极的想着“自己是受害者”，而是认为“被那个人耍了”“那就是失败的原因，是那个人的错”等。

这将导致对对方产生怨恨、愤怒、复仇的情况，甚至祈祷对方遭遇不测。或者是，对周围人说对方的坏话，不择手段地想要陷害对方。

世界上有这种类型的人存在，但不能断言这种类型的人一定是坏人。这是因为，这种行动都是自我保护本能的衍生物。

力气大，意念强，身体壮，好胜心强，能力优秀等，可能会产生攻击他人的倾向，但是，并不能断言这种人就是坏人。

性格稍微软弱一点的人，为了自我保护可能倾向于为自己辩护，但是性格强势的人，就会倾向于攻击他人、责备他人。

其原因就是，其他人是罪魁祸首的话，自己就能够得到原谅。如果让事实变成“都是那个人的错”，那么自己的痛苦就能够得到解脱。

比如在公司的话，只要说“都是社长的错”就能一了百了；放在国家的话，只要说“都是首相不好”就能够心安理得了。

或者，如果自己的孩子成绩不佳，有人会说“孩子成绩上不去，是老师学识不够”“学校用的教科书不好”，也有人说“学校老师不会教”。

但是，同样的学校，也有成绩优秀的人，对这一点想必很多人应该是了然于胸的。也就是说，在这个学校，有人考上了理想中的初中高中或者大学，也有人没考上，如果自己的孩子落榜了，就对学校横加批判，如果自己的孩子考上了，就把学校的老师捧上天。

但是这样的人也并非坏人。只是普通人、一般人，这是一个很正常的心态，基本上，谁都会有这样的思维方式。

总而言之，到处说自己的孩子在那个学校学习，是那个老师教的，所以落榜了，攻击学校以及老师，在外宣扬对这个学校的批判，这样一种攻击型的自我保护心态也是存在的。

相反，在内部找原因的情况下，把责任归咎于家庭内部，认为“孩子表现不好”而责备孩子，也有人说，“身为母亲的自己，以前也没有好好学习，所以孩子也成绩不好”“因为父亲的成绩不好”“因为父亲工作太忙经常不在家”“因为家里没钱”等。

这种对不幸的解释，无论归咎于内部还是外界，其原因归根结底还是“自我保护的情绪”在作祟。

无论如何，希望大家能够好好思考一下，自己是否带着自我保护的心态。我认为，大体上都是有一点的吧。

实际上，这才是令大家烦恼痛苦的根本原因所在。

2 平静地接受人生的难题

令自己痛苦的问题，该发生的就会发生

对于烦恼和痛苦，必须要通过自己的努力去突破，但本章的主题是“感受奇迹”，所以不仅仅是自身努力，我想用一些和以往不同的方式来说明。

像前面所说的，痛苦的根源在于“自我保护的情绪”，想着“从痛苦中逃走”而不断挣扎的过程中，是无法真正摆脱痛苦的。

因此，请摒弃这种情绪。无论是责备自己还是责怪他人，都请停止。

因为，现在所发生在自己身上的事情，全部都是命中注定会发生的，所以请你接受它。

现在所发生的事情并非偶然，也不是因为他人的过失或者自身的失误。现在困扰自己占据整个大脑的问题，实际上是一种必然，是现在的我所需要面对的人生课题。

领会这个问题想要教会你的事情

比如说，生病也是如此。努力让自己生病的人应该很少见吧。通常都是在万万没想到的情况下就身患疾病了。

关于生病的原因，有“没有休息养生”“运动不足”“压力太大”“营养不均衡”等数不胜数的原因。

就像这样被加以合理的解释，实际上，只要是生病了，就一定有与其相应的原因。

也就是说，疾病是顺应自然必定会产生的。在当时的年龄以及立场的需要之下，疾病就顺势出现了。

另外，比如说，出现了考试成绩不合格的情况。这个结果不仅仅是走运不走运的问题，而是想要告诉你，对于现在的你来说什么才是必需的课题。

也许这是想要让你明白，曾经的自己努力不足，也或许是想告诉你看清世间的残酷，又或许是想告诉你，以此为契机，千万不能骄傲，脚踏实地的往前进。

但是，无论如何，请你一定要明白，现在所发生的一切并非偶然。所以对于自己来说，必须要面对的课题就出现了。

这一点，无论是孩子表现不佳时，还是孩子带着先天性障碍出现时，都有其相应的原因。

另外，夫妇之间出现问题时，同样的，一定有其意义。夫妇之间起争执的时候，都存在着相应的原因和含义。同时也能教会你一些什么。

也就是说，夫妇之间的问题到了必须以问题的形式出现时，在这个问题之中，一定是想要让你明白一些什么，请你仔细领悟其中的含义。

未能明白其中含义，并且将出现的问题作为责备自己或者他人的工具的话，是万万不能的。

平静地接受出现的问题

在工作方面，解决问题的时候，一定会采取分析问题的思考模式。究其原因，通过分辨善恶，加以区别等，各种各样的分析来判断，这样一来问题就迎刃而解了，这是在工作中经常被采用的做法。

确实，工作方面的事情，必须采取一系列的应对措施，退一步来说的话，问题之所以会出现，肯定是带着某种特殊原因在里面的。

请不要想着立即给出结论。问题出现必有其原因，请接受当下所出现的问题。

比如说，生病的时候，对于生病这一现象，个人的努力及战斗本身并没有大碍。为了让疾病痊愈，除了进行康复训练，也会进行其他各种各样的锻炼吧。

生涯现役人生

（日）大川隆法

对于生病这个事实，请坦然接受。请直面人生中所出现的课题。

即使是夫妇之间的小争执，亲子之间的问题，另外，还有和父母之间的问题，都请你坦然接受。

也许这些问题，并非针对你个人存在，在其他人身上，也存在着各种各样的问题。

在这种情况下，只要想着“人生中的问题之一，现在已经出现了”，请你拥有这样一颗平静接受的心。

3 世界上不存在偶然

停止使用辨别能力作判断，让心灵静止

这个世界上不存在偶然，请你明白这一点。

另外，世间的问题，不能全部以解决工作问题的方式来对待。当你坦然接受问题时，前方的路也自然向你敞开了。

也许各位会想“为什么这种问题会出现在我身上呢”“明明已经这么努力了”“我已经如此的重视家人”“我明明这么美丽”等，不胜枚举吧。

但是，请你尝试着平静地接受，并且，给自己一些冥想的时间。并非苦苦思考辨别，而是让自己处于放空状态。

善还是恶、积极还是消极、是前还是后、是左还是右，想着分门别类，这种急于作出结论的心态，实际上，是困

扰自己的根源所在。

这种时候，首先请你先接纳一切，不要急着判断，试着去理解“现在，所表现出来的是宇宙对我的意识”。只要跨越了，就会明白其中含义。既有人生在世就能够领悟的，也有往生以后才能领悟的。

关于时机问题虽然无法断言，但是请你了解，对一切采取接受的态度，也是人生必须学习的问题之一。

静心冥想，感受“宇宙的意志”

人生病的时候，实际上，也可以借此学到很多东西。

比如说，身体可能是想告诉你，“身心平衡崩坏了”“你对自己过于自信了”“应该重新审视自己和家人的关系”。

或者说，对自己的父母带着抵触排斥心态的人，生病的时候，便理解了“啊，原来父母是这样的心情啊”。另外，也许能够理解他人的心情，或者以全新的目光去审视自己的工作。

诸如此类，对于自己来说是有一定必要的，所以，生病也不能断言为绝对的坏事。

因此，现在所发生的问题，不要光想着“这是由于某些过失才导致的”而去责备自己或者他人，请你坦然地接受问题。当作“这是对于现在的自己有必要面临的问题”来接受，这一点非常重要。

然后，请静下心来冥想，停止作出判断。那个时候，请不要考虑所谓的是善还是恶，是前进还是后退，是舍还是取。

因为那是对于当时的你，所必须要面对的问题，请你平静的接受它。

在大宇宙意志的支配下，当下的你所需要面对的问题出现在面前时，领悟其中所包含的意义是至关重要的。

虽然已经重复了很多遍，但还是要说明，不要考虑着“通过自我保护来解决一切”“用工作上的方法来解决”等，而是反过来去接受问题。在那些问题之中，去感受“大宇宙的意志”。

人生之路上，一定潜藏着“陷阱”

无论是谁，都容易去想“一马平川地走向成功多好”，但实际上，带着这样的人生计划来到这个世界上的人，一个都没有。

因此，在人生之路上，潜伏着许许多多的“陷阱”，并且不可能事先都有所征兆。

如果事先知道“这里有一个陷阱”，那么避开陷阱是易如反掌的事情。但是，这并不能使你学到任何东西。可能你会觉得有些讽刺，但是在人生之路上，一定会冷不防地掉进某个“陷阱”之中。

这种时候，请不要想着“这只是个偶然”。因为这个“陷阱”从一开始就在那里等着你的到来，这是你必须经历的事。

掉进“陷阱”之中，并被现实抽打的时候，请眺望着夜空思考一下你的人生。在人生路中，总要有几次这样的情况出现。

如果没有跨越这种困难时期，就无法了解真正的自己，也无法体会他人的心情。没有这种体验的话，世界的真实面貌对于我们来说，仿佛就在眼前，但其实并没有看透。

掉进“陷阱”并且无法逃脱，怀着忐忑不安的心情眺望夜空直到天明之后，会有一些从来未曾看见的风景等待着你。

自己至今为止究竟得到了多少人的帮助与支持，自己究竟忽视了多少人的协助，自恃功高的事情中，究竟有多少并非个人功劳？人只有在孤立无援的情况下才会发现这些事情。

生涯现役人生

(日)大川隆法

舍弃自我保护时，便打开了“光明之路”

这在某种意义上，也意味着“舍弃”吧。

虽然，我常常将自我保护的情绪称之为“一己私欲”及“自我保护”，但是这种爱护自己的心情任何人都有。

但是，要让你尝试着舍弃这种情绪，并接纳自己身上所发生的灾难和不幸，这还是需要一定的胸怀和度量的。

你应该去相信，灾难以及不幸，并不是为了令你痛苦才发生的，而是为了让你有所领悟而出现的问题。所以最终一切都会得到解决。

在每一天的日常生活中，大家应该都在恐惧着一些事情。但是，在这些令你恐惧的事情中，实际上会发生的只有百分之一而已。剩下的百分之九十九虽然不会发生，却让人每天都为此苦恼不安。

然后，当这种恐惧的心情变成现实，变成诸多问题的诱因之后，再来确认自己的不幸。

也就是说，自己成为了不幸的预言者。“自己会遇到问题吧”“会变得身无分文吧”“在恋爱上会遭遇失败吧”“可能快离婚了吧”等，预言各种不幸，并且“努力”让预言成为现实。很多人的心灵都以这种错误的方式运转着。

这种时刻，我们应该停止思考，首先静下心来，接纳眼前发生的问题。请你领悟问题中所包含的意思，一定可以令你有所长进。

然后，光明将出现在你面前。当你想着“这是我所必须面对的问题”时，就意味着你已经走上了光明大道。

放下自我保护，舍弃它，试着和意志融为一体的时候，一定会走上光明大道。

停止挣扎，坦诚地接受人生的问题

这就好比，掉进游泳池快要溺水时的对策是一样的道理。那个时候挣扎的太厉害，只会呛入更多的水，从而令你真正的溺水。

掉进游泳池快要溺水的时候，应该停止剧烈挣扎。只要在水中定一定身子，自然就会浮起来。即使是在大海中，这个方法也一样行之有效。笨拙地挣扎，只会让人更快的溺毙。

因此，请停止挣扎，静静地接纳。然后，请和你的意志融为一体。这样一来，你一定会得到救赎。

和意志融为一体，坦诚地接纳出现在你面前的人生难题，而并非将一切归咎于他人、环境、家庭、公司、国家等原因。当你坦诚地接纳问题，并能够认为“此刻的问题，对于我来说是必须面对的”时，那么你已经在试着和宇宙的意志融为一体。然后，被救赎的道路一定会向你敞开。

4 感受奇迹的瞬间

痛苦，是磨砺灵魂的大慈悲

虽然最近一直在说关于信仰心的重要性，但是如果树立了真正的信仰，那么请你让自己拥有这份信仰。

这样一来，你将会渐渐地明白，实际上，自己并非处于地狱深渊，而是有一位最好的导师跟随着你指导着你。

在这个世界上，令你感觉是“天国”的东西，才是真正的地狱，认为身处“地狱”，反而是真正的天堂。世间一切，往往就是这样迷惑众生。

各位也许感觉自己正深受“灼热的地狱受苦”，但实际上，这是在磨砺灵魂。精诚所至，金石为开，通常这都是一种无上的慈悲，期望各位能够领悟这一点。

如此一来，如本章标题所说，各位必将迎来“感受奇迹的瞬间”。

和大宇宙融为一体时，“奇迹的瞬间”必将来临

凭借自身的力量，在想要自我保护的过程中，奇迹是不会发生的。想要根据自己的知识、经验、判断力，及对善恶的辨别能力来解决问题的时候，奇迹是不会发生的。

哪怕一天十五分钟也好，请试着争取这样的冥想时间。

请暂时停止以算计的心态，去解决各种问题，请你试着去想“原原本本的接受，将眼前所发生的问题，原原本本的接受”。

之后，请你感受奇迹降临在你身上的瞬间。心境上的变化一定会出现吧。

我想要让更多的人去体会这种“奇迹的瞬间”。

后 记

树立人生目标。

努力完成自己的使命。

即使每天只有很小的努力，积累起来也能够获取很大的成功。

“积小为大”并不是二宫尊德的专卖特许。如果光是信从“遗传定律和生物学年龄论”，从某种意义上来说，就已经败给了唯物论和命运决定论。

他人笑我也好，我都要贯穿自己信念。目标“无界限人类”。

大川隆法